Karsten Nitsch

Wo die wilden Tiere wohnen

GOLDMANN

Lesen erleben

Das Buch

»Wo die wilden Tiere wohnen« entführt uns in das sagenumwobene Naturgebiet der Lausitz. Dort lebt Naturführer und Fotograf Karsten Nitsch, der es sich zur Aufgabe gemacht hat, Besucherinnen und Besuchern die Besonderheiten der einzigartigen Flora und Fauna nahezubringen. In seinem Buch erzählt er von seinen Begegnungen mit den Tieren der Lausitz, den Nebelkrähen, Schwarzspechten, Seeadlern und natürlich auch vom Wolf, von der einmaligen Landschaft und seiner täglichen Arbeit. Nitsch möchte sein Umfeld für die Wunder der Natur sensibilisieren und vermitteln, dass alles – Pflanzen, Tier und Mensch – miteinander verbunden ist. Ergänzt wird das Buch mit außergewöhnlichen Natur- und Tieraufnahmen. Wilder und schöner als mit Karsten Nitsch in der Lausitz wird's nicht!

Karsten Nitsch

Wo die wilden Tiere wohnen

Mein Leben als Naturführer in der Lausitz

GOLDMANN

Dieses Werk ist ein Sachbuch. Es schildert Geschichten und beruht auf Erfahrungen, Erlebnissen und Aufzeichnungen. Ich gebe hier meine persönliche Sicht wieder, die keinen Anspruch auf Richtigkeit oder Vollständigkeit hat.

Sollte diese Publikation Links auf Webseiten Dritter enthalten, so übernehmen wir für deren Inhalte keine Haftung, da wir uns diese nicht zu eigen machen, sondern lediglich auf deren Stand zum Zeitpunkt der Erstveröffentlichung verweisen.

Klimaneutral
Druckprodukt
ClimatePartner.com/14044-1912-1001

Dieses Buch ist auch als E-Book erhältlich.

MIX
Papier aus verantwortungsvollen Quellen
FSC® C083411
FSC
www.fsc.org

Penguin Random House Verlagsgruppe FSC® N001967

2. Auflage
Originalausgabe März 2021

Umschlaggestaltung: UNO Werbeagentur, München,
unter Verwendung eines Fotos von © Karsten Nitsch
Bilder im Innenteil: © Karsten Nitsch und © Sascha Höcker (Bild 2)
Redaktion: Johanna Ott & Marion Preuß
MP • Herstellung: kw
Satz: Vornehm Mediengestaltung GmbH, München
Druck und Einband: CPI books GmbH, Leck
Printed in Germany
ISBN: 978-3-442-31609-0
www.goldmann-verlag.de

Besuchen Sie den Goldmann Verlag im Netz

Inhalt

Prolog – Der Schwarzspecht ruft

Nun sitze ich hier vor meiner Tastatur. Aufgewacht bin ich mit dem Gedanken, endlich mein Buch aufzuschreiben, und fest entschlossen wurde der Rechner hochgefahren. Lange hatte ich Zweifel, was das Schreiben angeht, persönlich habe ich mich immer als schreibfaul eingestuft.

»Wie soll ich beginnen?«, überlege ich, während ich aus dem Fenster in den Garten schaue. Im selben Moment höre ich aus den Erlen an der Spree den Grünspecht rufen. Sein laut schallendes »Hie! Hie! Hie!« klingt in meinen Ohren wie Gelächter. Will er mich verhöhnen? Angestrengt lausche ich durch die hellhörigen Wände des Blockhauses, in dem ich lebe. Ist da nicht auch der Schwarzspecht zu hören? Tatsächlich, jetzt vernehme ich deutlich seinen Flugruf, der immer lauter wird. Scheinbar steuert er genau auf die alte Höhle zu, die er im letzten Jahr gezimmert hat.

Das wird hier nichts, ich sollte nicht drinnen sitzen. Tinka, meine schwarze Hündin, ist sofort begeistert, als ich in meine Hose steige und im Hinausgehen mit geübtem Griff das Fernglas vom Regal angle. Vor der Tür atme ich tief ein: Vorfrühlingsluft, der Winter scheint auch in diesem Jahr auszubleiben. Vom anderen Spreeufer begrüßt mich aus den Kiefernkronen eine der Nebelkrähen. Sie brüten dort jedes Jahr. Es sind kluge Vögel, die ein unauffälliges Leben führen. Zu Unrecht dichten wir ihnen manche Schandtat an, und auch heute noch wird ihnen nachgestellt.

Es ist nicht so, dass wir zu wenig über die Natur wissen, eher ist das Gegenteil der Fall. Wir dringen in die entlegensten Winkel vor, tauchen in die tiefsten Tiefen hinab und steigen in die höchsten Höhen hinauf, um alles zu ergründen. Das geschieht aber meist aus reinem Egoismus, wir wollen Wissen anreichern, koste es, was es wolle. Rücksichtslos bedienen wir uns und haben Maß und Gespür verloren, uns abgenabelt in dem Glauben, uns unabhängig und frei machen zu können von der Natur. Ein aussichtsloses Unterfangen, wie wir täglich bemerken.

Seit meiner Kindheit verspürte ich den Drang, draußen unterwegs zu sein, und nicht immer war ich nur der harmlose Beobachter. Einmal, ich war etwa acht Jahre alt, fand ich ein Singvogelnest und habe im Abstand von einigen Tagen jeweils ein Ei geöffnet, um zu schauen, wie weit sich der jeweilige Jungvogel entwickelt hatte. Ich habe mir damals keine Gedanken über die Konsequenzen gemacht – das Gelege war natürlich verloren. Mein Eingriff verursachte bei mir damals auch kein schlechtes Gewissen. Jetzt, ein halbes Jahrhundert später, muss ich oft daran denken und frage mich immer wieder, was mich dazu bewog. Die kindliche Neugier ließ mich Dinge tun, deren Folgen ich nicht bedachte oder überblickte. Inzwischen scheinen die Rollen vertauscht, unsere Kinder halten uns den Spiegel vor, während wir in unserer Naivität und Rücksichtslosigkeit beleidigt aufschrecken.

Mittlerweile ist es meine Berufung, Menschen in die

Natur zu führen. Das tue ich hier in der Lausitz, der Region, die geprägt ist von ihren Bewohnern. Die Menschen, die hier leben, haben diese Landschaft der Gegensätze von jeher mitgestaltet. Zwischen eiszeitlichen Sanddünen findet man hier Wälder, Braunkohlereviere und ausgedehnte Teichgebiete, die vor Jahrhunderten angelegt wurden. Dort in der Teichlausitz liegt auch das sorbische Dorf Groß Särchen, in dem ich aufgewachsen bin. Ein altes sorbisches Sprichwort besagt: »Gott hat uns die Lausitz gegeben, und der Teufel hat die Kohle darin vergraben.« Der Braunkohleabbau war für die Region Fluch und Segen zugleich. Er ließ viele sorbische Dörfer verschwinden, brachte aber auch Lohn und Brot. So auch für meine Familie. Die Dörfer, in denen noch meine Großeltern lebten, wurden von der Kohle gefressen, später transportierte mein Vater als Lokführer die Kohle in das Kraftwerk, und meine Mutter arbeitete in der Bergarbeiter-Kantine. Und ich, ich lernte zunächst Elektriker im Tagebau, aber eigentlich wollte ich immer nur draußen sein. Irgendwann schulte ich zum Naturführer um, zog in das Heidedorf Neustadt in ein altes Forsthaus und später in einen Bauwagen direkt am Ufer der Spree.

Inzwischen lebe ich in einer selbstgebauten Blockhütte und habe ein kleines Naturcamp für meine Gäste errichtet, natürlich ebenfalls in Blockbauweise. Bei meinen Führungen und Kursen geht es mir nicht allein darum, die Aufmerksamkeit auf bestimmte Landschaften, Tier- oder Pflanzenarten zu lenken, sondern auch auf unser Verhältnis zur Natur, unseren Umgang mit ihr, unsere Wahrnehmung und die Art, wie wir ihr begegnen. Mit diesem Buch, in dem ich meine Erlebnisse schildere, möchte ich Sie für die Natur sensibilisieren. Ich möchte Sie verführen, in Ihnen die Lust auf Begegnungen mit Tieren oder Pflanzen wecken und verdeutlichen, dass wir Teil des Ganzen sind. Mein Buch spricht alle an, die Sehnsucht nach mehr Natur verspüren und ihr wirklich begegnen wollen. Besonders empfehle ich es auch all jenen, die mit Kindern zu tun haben, sei es beruflich oder privat. Da ich jahrelang in der Umweltbildung tätig war, möchte ich mein Wissen über einen spielerischen Zugang teilen. Geschichten von meinen Streifzügen durch die Lausitz sollen dazu ermutigen, selbst aktiv zu werden. Ich möchte aber auch zu einem anderen, besseren Umgang mit unserer Umwelt anregen.

Entdecken Sie die Natur vor Ihrer Haustür im Jahresverlauf, holen Sie sie zurück in Ihren Alltag, in Ihren Garten, in Ihr Leben. Sie müssen dazu nicht in die Lausitz reisen, wenngleich Sie hier herzlich willkommen sind. Natur ist allgegenwärtig. Erleben Sie sie mit allen Sinnen, öffnen Sie sich und lassen Sie Ihre Bedenken hinter sich. Mein Buch will Sie dazu inspirieren, denn Inspiration ist der Antrieb auf dem Weg zu den gesuchten Antworten. Legen Sie los, finden Sie selbst heraus, was in der Begegnung mit unserer Umwelt auf uns wartet. Oder lesen Sie erst einmal dieses Buch.

Ich muss jetzt los, der Schwarzspecht ruft. Deutlich kann ich seine rote Haube sehen, er lugt gerade hinter einer Erle hervor. Er scheint mich zu beobachten, und gerade ist in einem der Nachbarbäume das Weibchen gelandet. Was für ein wunderbarer Morgen. Kommen Sie mit, ich zeige Ihnen, wo die wilden Tiere wohnen.

Aller Anfang ist schwer

Mein Einstieg in die Umweltbildung passierte eher zufällig, und eigentlich hatte ich ganz andere Pläne. Nach dem Fall der Mauer wurde ich arbeitslos und hielt mich danach mit verschiedenen Jobs über Wasser, fand aber an den Arbeiten keine richtige Freude. Tagtäglich sehnte ich den Feierabend herbei und war froh, wenn dann noch genug Zeit blieb, um vom alten Forsthaus aus eine kleine Exkursion in die Spreeaue zu starten. Irgendwann hörte ich dann von einer geplanten Arbeitsmaßnahme bei der Naturschutzbehörde. »ABM« lautete das Zauberwort in der Nachwendezeit, eine Arbeitsbeschaffungsmaßnahme des Arbeitsamtes. Im Volksmund wurde es mit »Arbeit bis Mittag« übersetzt und tatsächlich oft so gehandhabt. Nicht immer war den in der Maßnahme Beschäftigten der Sinn einer solchen Tätigkeit vermittelbar. Das lag zum einen an der Perspektivlosigkeit, zum anderen aber auch an der völligen Fehlbesetzung der Stellen aus Mangel an geeigneten Arbeitslosen. So wurde ein Schlosser ganz schnell auch mal zum Naturschützer, der eine Orchideenwiese mähen sollte. Die Leute mussten beschäftigt werden, das hatte Priorität, auch wenn sie sonst keinen großen Bezug zur Natur hatten. Sie taten, was man ihnen sagte, und dachten sich ihren Teil dabei. Der in der deutschen Mentalität fest verwurzelte Ordnungssinn war hier natürlich fehl am Platz und nicht selten destruktiv.

In meinem Fall war es eine glückliche Fügung, bekam ich doch zum ersten Mal eine Tätigkeit im Naturschutzbereich zugewiesen. Es sollte eine Gruppe gebildet werden, die für spezielle Pflegemaßnahmen auf Naturschutzflächen zum Einsatz kam. Für etwa eineinhalb Jahre hatte ich eine Beschäftigung, die meinen Vorstellungen entsprach. Biotoppflege und Optimierung von Lebensräumen waren der Schwerpunkt unserer kleinen Gruppe. Solche Arbeiten waren allerdings zeitlich begrenzt, und so bewarb ich mich gemeinsam mit einem befreundeten Naturschützer im Naturpark Oberlausitzer Heide- und Teichlandschaft, der später zum Biosphärenreservat umgewidmet wurde. Hier sollte eine Naturwacht mit richtigen Rangern aufgebaut werden. Ein Traumberuf, auf den ich all meine Hoffnungen setzte. Leider sollte ich enttäuscht werden, denn Voraussetzung war es, arbeitslos zu sein. Da ich aber zu diesem Zeitpunkt noch in der Landschaftspflegegruppe arbeitete, wurde meine Bewerbung abgelehnt. Für mich brach eine Welt zusammen. Doch ich gab meinen Traum nicht auf und bemühte mich weiter, eine naturnahe Beschäftigung zu finden. Dazu dehnte ich meine Suche auch auf den Nachbarlandkreis aus, sogar im Spreewald versuchte ich mein Glück. Aber alle Bemühungen blieben erfolglos, und man vertröstete mich auf einen späteren Zeitpunkt.

Irgendwann fragte ich in meiner Verzweiflung in einem Kindererholungszentrum nach – was für ein merkwürdiger Name für ein zugegeben nicht besser klingendes ehemaliges Kinderferienlager, dachte ich noch. Hier wurde nur jemand für Disco- und Sportveranstaltungen in der anstehenden Sommersaison gesucht. »Dazu bin ich nicht geeignet«, sagte ich dem Chef und schlug ihm vor, stattdessen etwas in Richtung Naturerlebnis mit Kindern aufzuziehen. Auf die Frage, ob ich denn Erfahrung damit hätte, antwortete ich natürlich mit »ja«, obwohl ich bis dahin kaum mit Kindern gearbeitet hatte. Er ließ sich tatsächlich auf meinen Vorschlag ein, und nun musste ich mir etwas einfallen lassen. Zwei Wochen gab er mir zur Vorbereitung, dann sollte es losgehen. Ich nutzte die Zeit mit dem Studium diverser Literatur und konsultierte auch einen guten Freund, der im Bereich Umweltbildung schon erfolgreich tätig war. Dann wurde es ernst; ich sollte meine erste Naturführung im nahegelegenen Wald absolvieren.

Es war um die Mittagszeit an einem außergewöhnlich heißen Freitag im Mai. Nicht gerade das beste Wetter und auch nicht die geeignete Zeit für meinen Einstieg, aber die Verantwortlichen wollten es so. Ich war unheimlich aufgeregt, aber auch in freudiger Erwartung meiner ersten Schulklasse. Dass es sich dabei um eine achte Klasse aus Berlin-Mitte handelte, die gerade erst angereist war, wusste ich nicht. Mit meinem Rucksack und einem Fernglas ausgerüstet stand ich, gepackt vom Lampenfieber, am Treffpunkt. Die Kinder wies man an, ihre Sachen aufs Zimmer zu bringen und dann schnell zum Essen zu kommen, da es im Anschluss mit einem Förster in den Wald gehe. Noch ahnte ich nicht, was mich erwartete, und so begrüßte ich freundlich die ersten zwei Mädchen, die nach dem Essen bei mir eintrudelten. Sie sahen irgendwie älter aus, als ich erwartet hatte, und machten nicht den Eindruck, als ob sie Lust auf eine Naturwanderung hätten. Geschminkt und im Discolook, also für eine Naturwanderung eher unzweckmäßig gekleidet, wirkten sie auf mich befremdlich. Ich versuchte, meine Verunsicherung zu überspielen und cool zu bleiben. Während sie mich kaugummikauend musterten, fragte die eine:

»Und du bist hier also der Förster?«

»Nein«, erwiderte ich, »ich mache mit euch nur eine Wanderung.«

Darauf fragte die andere, ob es in unserem »Laden« auch einen Kondomautomaten gäbe. Ich war platt. Das konnte nur schiefgehen. Inzwischen kam auch die Lehrerin mit den anderen Kindern hinzu, die Stimmung war eher gelangweilt. Was sollte ich tun? Mir wurde abwechselnd heiß und kalt, und ein mulmiges Gefühl machte sich in meiner Magengegend breit. Ich musste wieder festen Boden unter den Füßen bekommen, und da sich das Eintreffen der Schüler in die Länge zog, blieben mir noch einige Minuten, um nachzudenken. Diese Kinder hatten im Augenblick keinen Bock auf Natur, so viel war klar. Ich überlegte fieberhaft und erinnerte mich an meine eigene Abschlussfahrt in der zehnten Klasse. Einer meiner Klassenkameraden hatte damals eine Weinflasche und Zigaretten aus dem Bestand seines Vaters mitgeschmuggelt; wir wollten damit um Mitternacht eine Fete bei den Mädchen veranstalten.

Wie sollte ich also die Begeisterung der Berliner wecken? Ich rechnete mir keine großen Chancen aus, doch dann hatte ich eine Idee: Ich musste mich in die Situation der

Kinder hineinversetzen und die Sache aus ihrer Perspektive betrachten. Also weg vom Erklärbär, der Frontalunterricht macht. Die Kinder sollten die Natur selbst entdecken, also entschied ich mich für ein spielerisches Lernen. Und das ist auch der Ansatz, mit dem ich seither arbeite – mit Großen und Kleinen. Dazu inspirierten mich vor allem die Bücher von Joseph Cornell. Seine Herangehensweise, eben ein spielerischer Umgang mit der Natur, war jetzt genau das Richtige. Anfangs versuchte ich auch noch, seine Spiele eins zu eins zu übernehmen, aber mit der Zeit kamen mir immer mehr eigene Ideen.

Meine Berliner saßen – oder besser lümmelten – also bei meiner Einführung zur ersten und für mich so bedeutenden Führung eher gelangweilt im Schatten am Waldrand. Was ich mitteilen wollte, interessierte nicht, und selbst die Lehrerin saß rauchend und desinteressiert in einigen Metern Abstand von der Klasse entfernt. Zuerst machte ich die Lehrerin auf das Rauchverbot bei Waldbrandwarnstufe vier aufmerksam und forderte sie auf, unverzüglich die Zigarette auszumachen. Damit hatte ich schon mal ein wenig Eindruck bei den Schülern gemacht, die mir nun wenigstens zuhörten. Ich schlug der Klasse folgenden Deal vor: »Ich vermute mal, dass ihr keinen Bock auf diese Veranstaltung habt, aber wir werden das jetzt durchziehen. Wenn ihr einverstanden seid und meine Regeln akzeptiert, haben wir die Sache in eineinhalb Stunden überstanden«, verkündete ich und fügte hinzu, dass nur die unmittelbar bei mir sein sollten, die mitmachen möchten. »Die anderen können an jeder Station etwas abseits im Schatten chillen oder sich mental auf die Disco am Abend vorbereiten«, ergänzte ich noch. Dann brach ich mit den etwa 30 Teilnehmern auf. »Wird schon schiefgehen«, dachte ich bei mir. Schon nach wenigen hundert Metern machte ich den ersten Halt und wollte wissen, wer mitmacht. Nur zwei Jungen aus der ganzen Klasse waren bereit dazu. Also gingen wir noch ein kleines Stück weiter, blieben aber in Sichtweite der Gruppe stehen. Ich erklärte kurz, dass ich zur Einstimmung ein kurzes Partnerspiel machen möchte, in dem es darum geht, einen bestimmen Baum wiederzufinden. Dazu muss sich der eine Junge die Augen mit einem Tuch verbinden. Dieser wird dann vom anderen über Umwege an einen markanten Baum geführt, der nur mit dem Tastsinn ergründet werden soll. Danach wird er ebenfalls über kleine Umwege zum Ausgangspunkt zurückgeführt, darf das Tuch abnehmen und sich auf die Suche nach dem Baum machen.

Es passierte nun genau das, was ich beabsichtigt hatte, schon nach kurzer Zeit kamen vier weitere Schüler und fragten mich, was wir da machten. Ich sagte nur: »Klappe halten und hinsetzen oder Tuch nehmen und mitmachen«, sie entschieden sich für das Tuch, und nach nur etwa zehn Minuten waren alle am Start. Es sollte an diesem Tag nicht bei dem einen Spiel bleiben. Mein persönlicher Höhepunkt war aber, als ich mit den beiden Mädchen, die mir anfangs so provokante Fragen gestellt hatten, mit hochgekrempelter Hose im Bach stand und ihnen zeigte, wie man einen Krebs fängt.

Als wir wieder zurückkehrten, waren fast vier Stunden vergangen. Die Klasse war begeistert, selbst die Lehrerin lächelte still vor sich hin. Bei der Verabschiedung sagte eines der beiden Discomädchen, dass sie nie zuvor so eine »mega« Naturwanderung gemacht hätten. Ich war einfach nur glücklich. Das war es, was ich machen wollte, endlich hatte ich meine Berufung gefunden.

Schon zwei Tage darauf wurde mir mitgeteilt, dass ich meine Probezeit bestanden und zumindest für den Sommer wieder einen Arbeitsplatz hätte. Mit der Zeit wuchs aber die Nachfrage nach meinen Führungen, und sogar in der Zeitung wurde darüber berichtet. Als dann der Herbst kam, wurde mein Vertrag bis zum Ende des folgenden Sommers verlängert. Der Ansturm auf meine Veranstaltungen war immens, und inzwischen war ich fast wöchentlich in den regionalen Zeitungen vertreten. Das blieb auch im Biosphärenreservat nicht unbemerkt, in dem inzwischen ein Umweltbildungsprojekt entstanden war. Tatsächlich bekam ich vom dortigen Team eine Anfrage, ob ich Lust hätte, nach den Sommerferien ins Projekt »Kinder der Dörfer« einzusteigen. Natürlich sagte ich zu und war damit richtig in der Umweltbildung angekommen. Voller Tatendrang arbeitete ich in den nächsten vier Jahren an Schulen, Kindergärten und Horten innerhalb des Reservates mit Kindern und Jugendlichen jeden Alters. Im nördlichen Teil des Reservates teilte ich mir mit einem Mitarbeiter der Reservatswacht eine Naturschutzstation, die unter anderem auch als Basis für meine Freizeitgruppe diente. Hier organisierten wir gemeinsam mit dem Ranger, Zivildienstbeschäftigten und FÖJlern (Freiwilliges Ökologisches Jahr) regelmäßig kleine Feste mit den Kindern, zu denen dann auch Eltern und Verwandte eingeladen waren. In den Sommerferien veranstaltete ich damals jeweils zwei

Feriencamps, die immer gut besucht waren, und später gehörte auch Erwachsenenbildung zu meinen Aufgaben. Die Arbeit bereitete mir so viel Freude, und ich genoss die damit verbundene Freiheit. Aber das sollte nicht so bleiben.

Mit der Zeit griff in der Reservatsverwaltung immer mehr das verordnete Behördendenken um sich. So kam der Tag, an dem dankbare Briefe von Lehrern und Eltern oder liebevoll angefertigte Mappen mit Zeichnungen und Fotos sowie umfangreich bebilderte Zeitungsartikel nicht mehr als Nachweis für unsere erfolgreiche Arbeit genügten. Also fingen wir an, Berichte zu schreiben, ein zeitaufwendiges Prozedere, dessen Sinn mir bis heute verborgen bleibt. Mit der Zeit fiel mir auf, dass niemand diese Berichte überprüfte, und so machte ich mir einen Spaß daraus, sie gemeinsam mit einem befreundeten Zivi am Monatsende einfach frei zu erfinden. Nach vier Jahren war es dann so weit: Ich hatte das Gefühl, das Wichtigste in meinem Job sei die Einhaltung der Kernarbeitszeit, so jedenfalls wurde es mir von einer einflussreichen Mitarbeiterin der Verwaltung vermittelt. Also zog ich die Reißleine und kündigte, nachdem ich mein letztes Feriencamp in den Sommerferien abgeschlossen hatte.

Mein Entschluss stand fest, ich wollte von nun an mein eigenes Ding machen und nach dem Millennium den Schritt in die Selbstständigkeit wagen. Ein würdiges Datum, dachte ich damals, wenn auch die Vorstellungen von meiner Zukunft eher schwammig waren. Als freier Fotograf und im Bereich Umweltbildung wollte ich von nun an meinen Lebensunterhalt verdienen. Sehr naiv, aber mit einer gehörigen Portion Selbstvertrauen startete ich im neu angebrochenen Jahrtausend mein eigenes Projekt und habe es trotz so manch schwieriger Phase bis heute keine einzige Sekunde bereut. Wie so oft taten sich schon nach kurzer Zeit neue Möglichkeiten auf. Von nun an war ich endlich frei und konnte selbst entscheiden, welchen Job ich machen wollte – für mich eine unbezahlbare Errungenschaft. Vor allem die Vielfältigkeit der Tätigkeiten war eine Bereicherung, alles, was mir Freude bereitete, konnte ich von nun an in meine Arbeit integrieren. So veranstaltete ich mit der Zeit nicht nur die unterschiedlichsten Feriencamps, ich arbeitete auch weiterhin an Schulen und Kindergärten. Auch Erwachsene gehörten nach wie vor zu meinen Kunden, und in den meisten Fällen waren es Pädagogen, nicht selten auch Lehrer. Oft musste ich dann an meine Schulzeit denken und wünschte mir heimlich die Lehrer von damals herbei. Ich organisierte Seminare und Kurse zu verschiedenen Themen, aber immer stand die Natur im Mittelpunkt.

Als ich meine erste Blockhütte an der Spree gebaut hatte, dauerte es nicht lange, bis sich die ersten Interessenten meldeten. Sie wollten auch so eine Hütte, und ich sollte sie bauen. Aber ich lehnte immer mit der Begründung ab, dass ich ja kein Zimmermann sei und keine Garantien geben könnte. Irgendwann aber entschloss ich mich, einfach einen Blockhausbaukurs anzubieten. Nicht wie man ein Blockhaus baut, das wäre zu vermessen, ich bin schließlich kein Profi. In meinem Kurs habe ich den Leuten nur gezeigt, wie *ich* es gemacht habe.

Die Themen meiner Angebote waren vielfältig, es ging

um Fledermäuse, Kräuter, Lurche und Kriechtiere und vor allem um Vögel – natürlich auch häufig um den Wolf. Die Naturfotografie spielte ebenso immer wieder eine große Rolle. Bis zum heutigen Tag habe ich für alle meine Angebote und Tätigkeiten nie irgendwo einen Nachweis über meine Eignung oder einen Qualifizierungsnachweis einreichen müssen.

Aber halt: Einen kuriosen Fall gab es doch. Auf eine Anfrage hin entwickelte ich für einige Kindergärten und einen Hort in meiner Gegend ein Programm zum Thema »Der Wolf und seine Nachbarn in seinem Lebensraum«. Das Programm lief sehr erfolgreich, war aber auch sehr zeitaufwendig, sodass ich mir nach etwa einem Jahr Verstärkung in Form einer Begleiterin holte. Irgendwann hatte ich so viel zu tun, dass sie das Programm allein übernahm. Das funktionierte bis zu dem Zeitpunkt, als sie schwanger wurde. Nun kam ein gemeinsamer Freund dazu. Er führte mein Programm schon nach kurzer Zeit allein durch – ebenfalls sehr erfolgreich. In dieser Phase wechselte der Träger, der die Veranstaltung finanzierte. Aber alles lief wie gewohnt weiter. Mein Freund ging regelmäßig in die Kindergärten, so lange, bis weitere interessante Nachfragen für Umweltbildungsveranstaltungen auch seine Terminplanung an ihre Grenzen brachten. Zufällig hatte ich genau in dem Zeitraum noch Luft, und so bat er mich um Unterstützung. Ich sagte zu und wollte mich sofort auf die Arbeit stürzen, doch zuerst musste noch der Träger wegen der Finanzierung informiert werden. Schon bald darauf bekam ich Post und staunte nicht schlecht über das Schreiben. Man teilte mir mit, dass ich unverzüglich einen Nachweis einreichen sollte, welcher mir eine ausreichende Qualifizierung für meine Aufgabe bestätigte. Sofort rief ich den zuständigen Sachbearbeiter an, um ihm zu erklären, dass ich quasi der geistige Vater des Programms sei und es samt Inhalt gestaltet und entwickelt hätte. Das spiele in dem Fall keine Rolle, erklärte er mir, zumindest müsse ich Referenzen nachweisen. Ich war tatsächlich sprachlos, musste dann aber herzlich lachen über so viel Bürokratismus. Natürlich hätte ich jede Menge Referenzen vorlegen können, da ich aber grundsätzlich keine Lust habe, mich auf so etwas einzulassen, lehnte ich ab. Für solche Vorgehensweisen habe ich kein Verständnis, und nach wie vor bin ich der festen Überzeugung, dass allein ein Diplom oder sonst ein Zertifikat nichts über die Qualität der Arbeit aussagt, die der Besitzer eines solchen Schriftstücks zu leisten vermag.

Ich bin Autodidakt und lerne stetig dazu. Der Wunsch nach Zertifikaten trug meinen bisherigen Erfahrungen nach immer zu absurden Situationen bei. Einmal holte man mich in ein Gremium, welches Umweltbildung zertifizieren sollte. Doch keiner der Anwesenden konnte für das Gebiet eine Qualifikation nachweisen, was das ganze Unterfangen in Frage stellte. Kurz danach löste sich das Gremium auf.

All das liegt aber schon Jahre zurück. Ich habe inzwischen meinen Weg gefunden und bin glücklich, Naturführer und in der Lausitz, in der Kiefernheide oder in meiner geliebten Teichlausitz unterwegs sein zu können.

Aufbruch ins Paradies

Ein Fensterbrief war und ist für mich immer etwas Unangenehmes: eine Aufforderung, die Steuererklärung endlich abzugeben, oder die Mitteilung über eine Ordnungswidrigkeit, wenn ich zum Beispiel mal wieder falsch geparkt habe. Diesmal kommt er von der Gemeinde, und ich ahne, um was es geht. Der Wildwuchs entlang meines Grundstückes, ein schmaler Streifen, etwa einen halben Meter breit, zwischen Straße und meinem Zaun, war anderen Dorfbewohnern schon des Öfteren ein Dorn im Auge, und nun soll ich ihn umgehend entfernen. Ordnung muss sein, nur welche Ordnung, frage ich mich. Auch die Natur kennt Ordnung, nur diese schaut meist anders aus als die von Menschen gemachte.

Zugegeben, das ganze Grundstück hebt sich deutlich von den gut gepflegten Vorgärten im Dorf ab. Das schätzen auch viele hier brütende Vogelarten, das Eichhörnchen, die Kröten und Massen von Insekten auf meiner bunt blühenden Wiese. Vielleicht ist das den Dorfbewohnern nur nicht aufgefallen. Vielleicht wissen sie aber auch nicht, dass natürliche Vielfalt nur da explodiert, wo wir nicht mit ordnender Hand eingreifen. Regelmäßig wird in der Gemeindezeitung darauf hingewiesen, im Dorf auf Ordnung zu achten. Grünflächen sollten gemäht werden, und Straßenränder seien von Unkräutern zu befreien. Schließlich solle unser Dorf für Besucher ein schönes Bild abgeben. Jeden Sonnabend, wenn ich durch das Dorf fahre, sehe ich darum dessen Bewohner, bewaffnet mit Eimern, Schaufeln und Straßenbesen, in reger Betriebsamkeit vor ihren Hofeinfahrten. Was sie hier tatsächlich tun, erschließt sich mir allerdings nicht, denn für meine Begriffe ist ohnehin alles schon sehr aufgeräumt. Trotzdem wird eifrig gefegt. Vielleicht geht es nur darum, dem Nachbarn zu signalisieren, dass man seiner Pflicht nachkommt? Vielleicht sucht man Kontakt und hat keinen plausiblen Grund, nebenan zu klingeln? Wenn man mit den Nachbarn ins Gespräch kommt, hat das ja schließlich auch eine soziale Komponente. Ein Gespräch am Zaun gibt Gelegenheit zu einem frühen Bier, und man erfährt, was im Dorf gerade so läuft. Dagegen ist nichts einzuwenden.

Aber scheinbar bin ich gegen diese Art Ordnung immun. Schon als Kind war ich genervt, wenn ich am Sonnabend den Hof fegen musste. Dieser war mit hartgebrannten dunkelroten Ziegeln ausgelegt, und in den Fugen zwischen den Steinen wuchs grünes Moos. Ein wunderschönes Muster. Ich hielt immer wieder inne, um es zu betrachten, wenn ich mit dem Straßenbesen vorsichtig darüberfegte. Manchmal kniete ich mich hin, um mir die Gewächse aus der Nähe anzuschauen. Kleine samtig grüne Polster, die wie ein weiches kurz geschorenes Fell flach an den Boden geschmiegt wuchsen. Erstaunlich, dass sie hier auf dem alltäglich stark begangenen Weg überhaupt existieren konnten. Meine Großmutter hatte für diese Schönheit keinen Blick. So machte sie sich wenigstens einmal im Jahr daran, die Fugen mit einem alten Küchenmesser vom Moos zu befreien. Nun dauerte es meist nicht lange, bis kleine schwarze Ameisen die Fugen als Straßen nutzten und unter den Ziegeln ihre Wohnstätten errichteten. Auch das war meiner Großmutter ein Dorn im Auge, und sie bekämpfte die winzigen Tiere mit kochendem Wasser, das sie zielsicher in die Fugen goss. Diese Arbeit macht sich heute natürlich niemand mehr, mit Herbiziden und Gasbrenner lassen sich ungewollte Wildwüchse effektiver bekämpfen, und gegen Ameisen sind diverse Insektizide auf dem Markt.

Inzwischen habe ich den Brief überflogen, und mein Verdacht hat sich bestätigt. Es geht um die Hecke und den Grünstreifen entlang der Straße, die blauen Wegwarten (meine Lieblingsblumen), die dort blühen, sind mit der Dorfsatzung nicht vereinbar. Durch das geöffnete Fenster dringt vom Nachbargrundstück das Knattern eines Benzinrasenmähers herüber, und kurz darauf beginnt ein weiterer Nachbar, gegen den seiner Meinung nach zu üppigen Grünwuchs ins Feld zu ziehen. Blühende Pflanzen haben hier keine Chance. Einmal wurde ich von jemandem aus der Nachbarschaft aufgefordert, meinen »Rasen« mal wieder zu mähen. Ich musste dann erklären, dass das, was er da vom Küchenfenster aus sehe, eine Wiese mit verschiedenen Blumen sei und keinesfalls ein Rasen. Eine solche Fläche werde ein-, höchstens zweimal im Jahr gemäht.

Wann haben wir eigentlich angefangen, unser ästhetisches Empfinden zu verändern? Im Garten meiner Kindheit war die Wiese einen halben Meter hoch. Verschiedene Gräser, zwischen denen Wiesenschaumkraut, gelbe Hahnenfüße und lilafarbene Kuckuckslichtnelken blühten, standen im Schatten der alten hochstämmigen Obstbäume, die im Herbst überladen mit Äpfeln, Birnen und Pflaumen uns Kindern ein gesundes Menü boten. Zwischen den benachbarten Gärten, die sich damals alle glichen, befanden sich keine Zäune, und so war der gesamte Bereich im hinteren Teil der Grundstücke entlang unserer Straße eine große Streuobstwiese. In den höhlenreichen alten Obstbäumen brüteten viele verschiedene Singvogelarten, und auf der ganzen Wiese wimmelte es nur so von Insekten. Zwischen den hinteren Gartenbereichen, in denen sich die Wiese befand, und den Wohnhäusern mit Nebengebäude und Hof lagen die Gemüsegärten. Bohnenbeete und Zeilen mit Mohrrüben, Kohlrabi, Erdbeeren, Porree, Schnittlauch und Petersilie wuchsen zwischen Stachel- und Johannisbeersträuchern. Am Rand standen unter einem alten Birnbaum die Rhabarberpflanzen, auf deren großen Blättern regelmäßig Laubfrösche zu finden waren. Diese Froschart sucht nur zur Paarungszeit Gewässer auf und lebt ansonsten in offenen, parkartigen, mit einigen Bäumen oder Sträuchern bestandenen Gelände. Sie ist die einzige heimische Froschart, die klettern kann. So kann man ihre Rufe nicht selten aus den Baumkronen vernehmen. Im Apfelbaum neben dem Gemüsegarten hing immer eine Zinkgießkanne, die sich eines der Laubfroschmännchen einmal als Quartier ausgesucht hatte. Sein abendliches Konzert war natürlich besonders laut, denn die Gießkanne verstärkte den ohnehin lauten Laubfroschgesang enorm.

Überhaupt waren die Geräusche in meiner Kindheit andere als die der heutigen Zeit. Vögel und Amphibien gehörten damals in meinem Dorf, vor allem am Dorfrand, wo mein Elternhaus steht, zu den lautesten Geräuschverursachern. Ich erinnere mich gern an das schnelle rhythmische »Tingtingtingting«, welches erklingt, wenn Metall auf Metall schlägt. Im Sommer schallte es regelmäßig am Sonnabendnachmittag durch die Gärten, wenn unser alter Nachbar immer seine Sense auf einem kleinen Amboss dengelte. Selbst hier in den Dörfern weiß kaum noch einer, wie man das macht. Mich erinnerte der Klang immer an ein fernes Glockengeläut. Auch das Geräusch, welches entstand, wenn mein Vater die scharfe Sense schwungvoll durch das Gras gleiten ließ, ist hier auf den Dörfern am Aussterben, genauso wie die Schleiflaute, die bei der Benutzung eines Wetzsteins zu hören sind. All diese Geräusche hatten ihren Rhythmus, und ihr Klang integrierte sich in die Gesänge der Vögel oder das Zirpen und Summen der Insekten. Es war immer ein harmonischer Sound und niemals Lärm, wenn Menschen bei ihrer Arbeit in der Natur Geräusche verursachten. Mit der Zeit hat sich das verändert, Mähbalken, Motorsensen und Rasenmäher sind die Werkzeuge der Gegenwart. Sie aber verursachen nicht nur großen Lärm, der uns krank macht und den wir merkwürdigerweise geduldig ertragen, diese Geräte verschmutzen mit ihren Abgasen zusätzlich die Luft. Manche wenden ein, dass es auch leise elektrische Mäher gäbe. Leider sorgen sie nicht nur dafür, dass jedem Gänseblümchen noch vor dem Öffnen der Blüte der Garaus gemacht wird, sie haben sich auch als todbringende Gefahr für Igel,

Amphibien und viele Insekten erwiesen. In unserem Ordnungswahn haben wir nicht bemerkt, dass wir in unseren Gärten, die einstmals dazu dienten, uns zu versorgen, der Natur den Krieg erklärt haben. Wir stehen an der Front, ohne zu realisieren, dass wir diese verlustreiche Schlacht auch gegen uns selbst führen.

Mit dem Brief in der Hand schaue ich sehnsüchtig aus dem Küchenfenster des alten Forsthauses. Von hier ist die Spree kaum zu sehen. Ein etwa 150 Meter breiter Streifen aus Feld und Wiese liegt dazwischen. »Warum steht das Haus nicht da, näher am Fluss?«, denke ich. »Das wäre weit genug weg von der Dorfstraße, und keiner würde sich an meinem Paradies stören.« Meine Hand krampft sich um das Papier, und ich zerknülle den Brief: »Es muss etwas geschehen«, beschließe ich.

Das alles liegt inzwischen 20 Jahre zurück. Damals wusste ich noch nicht so recht, was ich tun sollte. Diskussionen mit den zuständigen Stellen sind in solchen Fällen meist völlig aussichtslos. Glücklicherweise konnte ich in der Nachbarschaft ein Stück Land erwerben, das mir endlich den ersehnten Zugang zum Fluss ermöglichte. Hier wollte ich meine Ideen nach und nach in die Tat umsetzen und meine Kreativität ausleben. Anfangs diente mir ein zweiachsiger Bauwagen als Unterkunft, später habe ich mir die bereits erwähnte Blockhütte gebaut und ein kleines Naturcamp mit verschiedenen Unterkünften – die meisten davon ebenfalls im Blockbaustil – für meine Gäste errichtet. Hier sollte endlich mein kleines Naturparadies entstehen, ein Freiraum, in dem Menschen und möglichst viele wilde Tiere dicht beieinander leben sollten. Dazu musste natürlich zuerst das Gelände vorbereitet werden. Viele Wiederansiedlungsprojekte mit Wildtieren sind gescheitert, weil die Bedingungen für die jeweilige Tierart nicht geeignet waren. Selbst wenn es sich um Arten handelt, die in dem entsprechenden Gebiet früher heimisch waren, muss man erst herausfinden, aus welchen Gründen sie von dort verschwunden sind. Auf dem Gelände des Spreecamps ging es aber nicht darum, gezielt Bedingungen für ganz bestimmte Arten zu schaffen, vielmehr wollte ich die Artenvielfalt generell erhöhen. Die zu bearbeitende Fläche ist etwas größer als ein Hektar; auf ihr sollten verschiedene Bereiche als ganz bestimmte Biotope gestaltet werden. Das Gelände befindet sich direkt am Ufer der Spree unmittelbar in der Flussaue und bestand beim Erwerb zum größten Teil aus einer artenarmen Wiese und einem kleinen Baumbestand entlang des Flussufers. Da sich in der Nachbarschaft ein Fußballplatz befindet, wollte ich unbedingt einen Sichtschutz errichten. Also begann ich einheimische Sträucher zu pflanzen: Holunder, Schlehe, Haselnuss, Heckenrose, Schneeball, Pfaffenhütchen und Vogelkirsche sind inzwischen zu einer beachtlichen Hecke herangewachsen. Auch an den Spreeauen habe ich verschiedene Sträucher und Bäume gepflanzt. Hier war es mir wichtig, Totholz zu erhalten, um den Arten, die großen Wert darauf legen, beste Bedingungen zu bieten. Also wurden von den am Fluss vorhandenen abgestorbenen Erlen nur die gefällt, von denen durch herabfallende Äste eine Gefahr ausging. Das beim Fällen anfallende Holz wurde zum größten Teil auf Haufen gepackt und in der Aue belassen. Die Wiesenflächen, die nun durch Hecken getrennt waren, wurden zum großen Teil mit hochstämmigen Obstsorten bepflanzt, und die Dächer der selbstgebauten Blockhütten begrünt. Auf einigen wachsen inzwischen sogar geschützte Pflanzenarten. Mit der Zeit ist also tatsächlich ein kleines Paradies entstanden. Wenn man der Natur Raum gibt und mit etwas Geschick bestimmte Prozesse unterstützt, dauert es häufig nicht lang, bis sich Erfolge einstellen. So kann es manchmal an geeigneter Stelle genügen, einen Totholzhaufen oder auch eine sogenannte Benjeshecke – eigentlich ein nicht zu dicht geschichteter Reisigwall aus Schnittgut in unterschiedlicher Stärke, benannt nach dem Erfinder Hermann Benjes – anzulegen. Natürlich ist es immer vernünftig, sich vorher zu informieren, damit man die Sache richtig angeht. Nicht jede Maßnahme ist für jeden Standort geeignet. Ein Totholzhaufen, der zum Teil beschattet neben einer Haselnuss oder einem Holunder steht, eventuell sogar noch in der Nähe einiger alter Bäume, macht mehr Sinn als ein völlig exponierter Holzhaufen auf einer freien Fläche. Eine Benjeshecke dient vor allem kleinen Säugetieren, Amphibien und Reptilien sowie Vögeln als Versteck. Wenn sich genügend Singvögel darin aufhalten, kann daraus unter optimalen Bedingungen eine lebende Hecke entstehen – vorausgesetzt, das Endprodukt des Vogelverdauungstraktes enthält zumindest einen keimfähigen Kern oder Samen. Wenn der Vogel dann im Reisighaufen einen so in Vogeldung verpackten Samen absetzt, wird im Schutz der Äste und Zweige bald eine neue Pflanze heranwachsen. Aber auch Eichhörnchen und Mäuse sind häufig unfreiwillige Unterstützer eines solchen Projektes. Sie legen gern Depots an, die auch mal in Vergessenheit geraten. Das Gleiche passiert hin und wieder auch den Eichelhähern. Natürlich kann man hier auch nachhelfen und in eine Benjeshecke mal einzelne Pflanzen einsetzen, das beschleunigt die Sache enorm.

Auch ich habe die Hecken auf dem Grundstück in dieser Art angelegt. Es sollte aber auf jeden Fall immer eine Verbindung zwischen den einzelnen Elementen vorhanden sein. Freistehende Objekte werden von Tieren nicht gern als Versteck angenommen, weil es nicht genügend Deckung gibt, wenn sie diese verlassen oder aufsuchen. Was nützt der schönste Steinhaufen, wenn die Zauneidechse ihn nicht erreicht, weil die Katze vom Nachbarn sie auf dem Weg dorthin überwältigt hat. Natürlich braucht man bei solchen Projekten Geduld, es braucht Zeit, bis Bäume und Sträucher heranwachsen. Aber es macht sehr viel Freude zu sehen, wie sich eine solche Fläche nach und nach entwickelt.

Neben einer sinnvollen Lage der Objekte und der nötigen Deckung für die Tiere sollte man auch darauf achten, dass die Maßnahmen, die man ergreift, für das Gebiet überhaupt geeignet sind. Nicht überall macht es Sinn, einen Teich anzulegen oder eine Trockenmauer zu errichten. Also sollte man vorher mal schauen, was oder wer da schon lebt und welche Arten man fördern möchte. Es gibt sehr gute Literatur zu diesen Themen und viele nützliche Tipps im Internet. (Im Anhang stelle ich eine kleine Auswahl vor.) Vor allem aber kann man sich auf Spaziergängen in der Natur inspirieren lassen. Dort findet man Totholz, Hecken und Steinhaufen, anhand derer man sehen kann, wer an und in diesen Kleinstbiotopen lebt und welche Pflanzengesellschaften an welchen Standorten gedeihen.

In meinem kleinen Paradies hat sich die Artenvielfalt inzwischen enorm entwickelt. Arten, die ich hier vorher nie vermutet hätte, haben sich inzwischen erfolgreich angesiedelt. Einige besuchen das Grundstück zur Nahrungssuche, andere nutzen das gut strukturierte Gelände, um ihren Nachwuchs aufzuziehen. Dabei handelt es sich um Vögel, Säugetiere, Amphibien, Reptilien und viele Insektenarten, aber auch Weichtiere, Spinnen und viele weitere kleine Lebewesen. Natürlich gedeihen auch die unterschiedlichsten Pflanzenarten – das ist Biodiversität. Meine Gäste im Spreecamp freuen sich immer sehr, wenn sie, morgens am Sitzplatz beim Fluss gemächlich frühstückend, den Eisvogel vorbeifliegen sehen oder abends am Lagerfeuer bei einem Glas Rotwein dem schnurrenden Gesang des Ziegenmelkers lauschen.

Die junge Familie, die jetzt im alten Forsthaus wohnt, bekam schließlich einen Brief von der Gemeinde. Es ging um den Wildwuchs an der Dorfstraße, erzählten sie mir.

Draußen am Fluss

Ich höre ein schrilles Pfeifen, das schnell näher kommt, gleich werde ich ihn sehen. Ich stehe aufgeregt am Fluss und bewege mich nicht: »Tiet, tiet, tiet.« Der Eisvogel landet unmittelbar vor mir auf den unteren Zweigen der Trauerweide. Es ist ein Männchen, denn die haben keinen roten Unterschnabel, das kann ich gut erkennen. Als »fliegenden Edelstein« habe ich ihn schon als Kind in einem Schulaufsatz beschrieben. Damals kannte ich alle Eisvogelreviere in Dorfnähe, schließlich war er mein Lieblingsvogel. Auch heute kenne ich seinen Brutplatz hier am Fluss, er befindet sich nicht weit von meinem Grundstück an einer Abbruchstelle in der Uferböschung. Ich wage kaum zu atmen, während er mit leicht angewinkeltem Kopf die Wasserfläche unter sich beobachtet. Ob er schon einen Fisch erspäht hat, denke ich genau in dem Moment, als er sich blitzschnell wie ein Pfeil senkrecht in das Wasser stürzt. Im nächsten Augenblick taucht er mit seiner Beute im Schnabel, einem kleinen Fisch, wieder auf. Es bereitet ihm scheinbar kaum Mühe, aus dem Wasser aufzusteigen, und schon im nächsten Moment landet er wieder für kurze Zeit auf seiner Sitzwarte. Mit einer schwungvollen Bewegung wird nun der Fisch auf den Ast geschlagen und dann im Schnabel mit dem Kopf nach vorn positioniert. Alles geht recht schnell, und schon im nächsten Moment fliegt er mit hoher Geschwindigkeit dicht über der Wasseroberfläche in Richtung seiner Brutröhre davon. So wie er den Fisch mit dem Kopf voran im Schnabel trägt, kann dieser nur als Nahrung für seine Partnerin oder eines seiner Jungen bestimmt sein. Die Brutröhre in der Uferböschung existiert hier an dieser Stelle schon viele Jahre und wird von den Eisvögeln immer wieder benutzt. Sicher wird sie von einer Generation zur nächsten weitergereicht, es scheint also ein optimales Brutrevier zu sein.

Nicht immer muss die Bruthöhle direkt am Fluss liegen. Wenn geeignete Stellen fehlen, kommt es mitunter vor, dass sie sich auch in größerer Entfernung befinden. Einmal fand ich einen Nistplatz im Wurzelteller eines umgestürzten Baumes. Die Höhle selbst wird von den Vögeln immer nach dem gleichen Prinzip angelegt. Sie beginnt mit einem geraden Gang, der leicht ansteigt und in die ovale Brutröhre mündet. Gegraben wird mit dem Schnabel, mit den Füßen wird dann der »Abraum« herausgescharrt. Hindernisse wie Steine und Wurzeln versuchen die Vögel zu umgehen, weshalb hin und wieder auch Brutröhren mit einem Knick entstehen. Sind die Hindernisse jedoch zu groß, wird noch einmal neu begonnen. Nistmaterial wird nicht eingetragen, und die fast runden weißen Eier werden einfach in die Mulde des Höhlenbodens gelegt. Nach etwa 20 Tagen schlüpfen die Jungen, die schon wenige Tage später, wenn die Federkiele sich zeigen, ein wenig an Igel erinnern. Hier im Dunkeln der Höhle sind sie gut geschützt vor Feinden, und ihre Angewohnheit, den Kot in Richtung

Ausgang zu spritzen, wo er durch die leichte Steigung der Eingangsröhre abläuft, macht die Höhle für Eindringlinge noch unattraktiver. Die Jungen sitzen übrigens eng beieinander, nur einer schaut jeweils in die Eingangsröhre und bekommt vom Altvogel den mitgebrachten Fisch. Sobald dieser verschlungen wurde, werden die Plätze gewechselt, sodass ein anderer in Richtung Ausgang schaut. Hartnäckig hält sich bis heute das Gerücht vom Fütterungskarussell, bei dem die Jungen angeblich in einem Kreis in Richtung Höhlenwand sitzen und nach der Fütterung immer in dieselbe Richtung einen Platz weiterrücken. Aber ganz so geordnet geht es nicht zu. Vielmehr scheint es, dass der eben gefütterte Jungvogel freiwillig den hektischen Eingangsplatz räumt, um in Ruhe zu verdauen, so kommt keiner der Jungvögel zu kurz. Übrigens nehmen die Eisvogeleltern es mit der Hygiene ziemlich genau, nach jedem Fütterungsgang wird direkt nach dem Verlassen der Bruthöhle ein Bad genommen, bevor sie sich wieder auf die Jagd begeben. Wenn nach circa sechs Wochen die Jungen ausfliegen, hat das Weibchen oft schon mit einem neuen Gelege begonnen, das Männchen kümmert sich in der Zeit allein um die flüggen Jungvögel und versorgt auch das brütende Weibchen. Solche Bruten nennt man Schachtelbrut, und durch die zeitweise Überlagerung ist es den Eisvögeln möglich, bis zu drei Bruten in einer Saison zu absolvieren. Die jungen Eisvögel halten sich nur so lange im Revier der Eltern auf, bis sie sich selbst versorgen können. Sobald das der Fall ist, werden sie sich ein eigenes Jagdrevier suchen, denn Eisvögel sind Einzelgänger.

Vor einigen Jahren hatte ich hier am Fluss eine wunderbare Begegnung mit einem noch jungen Tier. Ich war gerade dabei, mein tägliches Morgenritual, ein erfrischendes Bad im Fluss, zu absolvieren. Dabei versuche ich gegen die hier deutliche Strömung anzuschwimmen, was letztendlich dazu führt, dass ich auf der Stelle schwimme. Eine wunderbare Zeremonie, die ich vom Frühling bis in den Spätherbst hinein, und manchmal auch im Winter, zelebriere. Bis zu den Schultern stand ich im kalten Flusswasser, als ich den vertrauten Pfiff des schnell näher kommenden Eisvogels hörte. Sofort tauchte ich ab, sodass nur noch die Nase zum Atmen blieb, und dann kam er auch schon um die Flussbiegung. Der blaue Pfeil schoss nur wenige Meter entfernt an mir vorbei und setzte sich zu meinem Erstaunen auf den ausladenden Ast einer Weide, der sich dicht über der Wasseroberfläche bis fast zur Mitte des Flusses erstreckte. Ganz langsam drehte ich mich um, meine Augen hatte ich zu schmalen Schlitzen zusammengepresst. Er saß etwa zehn Meter vor mir und blickte auf das Wasser. »Ob es möglich ist, sich völlig ohne Tarnung ganz dicht an einen Eisvogel anzupirschen, wie es zum Beispiel Katzen tun?«, fragte ich mich. Ich wollte es probieren, also begann ich, mich ganz vorsichtig auf ihn zuzubewegen. Als ich nur noch etwa drei Meter entfernt war, begann er mich aufmerksam zu betrachten, verlor aber bald das Interesse. Anscheinend war ich in seinen Augen lediglich Treibgut, von dem keine Gefahr ausging. Ich hatte es tatsächlich auf Reichweite geschafft, mehr ging nicht. Mit ausgestrecktem Arm hätte ich ihn nun berühren können. Es war ein wunderbarer Moment, einem Vogel, der normalerweise eine große Fluchtdistanz hat, in freier Natur so nahe zu kommen. Mir war dabei wichtig, ihn nicht zu stören, meine Anwesenheit sollte ihn nicht beeinträchtigen. Jedes Detail konnte ich jetzt erkennen, ganz so, als hätte ich ein Foto mit einem Teleobjektiv gemacht. Aber das war kein Bild, es war live. Ich war in diesem Moment wie verzaubert von der Situation und wollte mich langsam wieder zurückzuziehen. Auf keinen Fall sollte eine durch mich verursachte Flucht des Eisvogels die Magie des Augenblicks zerstören. Als ich schon wieder etwa zwei Meter von ihm entfernt war, bemerkte ich aus dem Augenwinkel einen echten Jäger. Eine Katze hatte sich genau wie ich an den Vogel herangeschlichen und war gerade auf den Ast gesprungen, auf dem er saß. Nur noch etwa vier Meter trennten sie von ihrer Beute. Ich überlegte sofort, meine Tarnung aufzugeben, um meinen gefiederten Freund zu retten. Doch im gleichen Augenblick hatte der Eisvogel die Gefahr erkannt und flog mit einem Pfiff von seiner Sitzwarte ab, um etwa 20 Meter weiter auf einem anderen Ast zu landen. Ich drehte mich langsam in seine Richtung, noch immer hatte er mich nicht bemerkt. Die Katze versuchte ein weiteres Mal, sich an den Vogel anzupirschen, und so wagte auch ich einen zweiten Versuch. Der Eisvogel war nun vorsichtig geworden, aber seine Aufmerksamkeit galt eindeutig dem Schatten, der sich am Ufer durch das Gras bewegte. Ich hatte gerade einmal etwa fünf Meter in seine Richtung geschafft, als die Katze schon wieder am Baum war, und auch diesmal hob der Eisvogel mit einem Pfiff ab. Wie ein Dartpfeil kam er in rasender Geschwindigkeit unmittelbar über der Wasseroberfläche auf mich zugeschossen, und ich befürchtete für den Bruchteil einer

Sekunde, er würde im nächsten Moment genau zwischen meinen Augen einschlagen. Natürlich war das Quatsch, den Eisvögel können sehr gut manövrieren, und so korrigierte er direkt vor meinem Gesicht seinen Kurs so, dass er knapp an meinem Kopf vorbeiflog. Dabei streifte seine Flügelspitze mein linkes Ohr –, aber die Berührung war eher wie ein Hauch und kaum wahrnehmbar. Wer Eisvögel kennt, wird verstehen können, was für ein glücklicher Moment dies für mich war; ich war so überwältigt. Wie verzaubert stand ich noch immer regungslos in der Flussmitte, und nur langsam holte mich das kalte Wasser in die Gegenwart zurück.

Ich bin froh, hier am Fluss leben zu können. Vom Lausitzer Bergland windet sich die Spree, aus drei Quellen entsprungen, in die Niederung und wächst auf ihrem Weg durch die Vereinigung mit anderen Flüssen auf eine beachtliche Größe heran, um dann als stattlicher Fluss durch die Hauptstadt zu fließen. Dieser Fluss ist mein Fluss, er steht für Dynamik, denn ständig verändert er seine Gestalt, ein lebender Organismus, der viele Gesichter hat und immer wieder zu einem neuen Abenteuer einlädt.

Wasser, das Element des Lebens, übt auf mich seit jeher eine besondere Faszination aus. Schließlich bin ich in einer Gegend aufgewachsen, die durch Gewässer geprägt ist. Im Süden grenzt das Dorf meiner Kindheit an eine Teichgruppe. Die Kiefernbuschteiche wurden, wie alle Teiche in der Lausitz, zur Karpfenzucht genutzt. Uns und den Kindern des Nachbardorfes dienten sie als Bademöglichkeit und Abenteuerspielplatz – hin und wieder zum Leidwesen des Teichwirtes, der des Öfteren dazwischenfunkte, wenn wir wieder einmal illegal mit dem eisernen Futterkahn auf großer Fahrt waren. Nördlich des Dorfes befindet sich der Knappensee, noch vor 1945 wurde hier Braunkohle abgebaut. Zum Ende des Zweiten Weltkrieges wurde er versehentlich geflutet und entwickelte sich nach und nach zum Naherholungszentrum.[1] Hier lernte ich schwimmen und erkundete in den Sommerferien mit meinem Cousin aus der Stadt die Inseln. Der See wird vom Schwarzwasser gespeist, einem kleinen Fluss, der aus südlicher Richtung an den Teichen vorbei durchs Dorf fließt. Auch dieser Fluss war für mich immer etwas Besonderes. Meist floss er friedlich als flaches Gewässer mit mittlerer Strömung dahin. Bei Hochwasser aber kam er als tosender Strom herangerauscht und ließ sich durch nichts aufhalten. Nicht selten war dann Land unter, und das Dorf wirkte zum Teil wie in einen See gebaut. Viele Höfe, Gärten und Straßen waren unter der spiegelnden Fläche verschwunden, und die Gebäude standen direkt im Wasser. Über die Dorfaue ruderte jemand in einem Kahn, und direkt darunter befand sich die Straße, auf der sonst Fahrräder und Autos fuhren. Ein merkwürdiges Bild, das sich in mein Gedächtnis eingebrannt hat. Die Dorfbevölkerung hatte eine gewisse Routine im Umgang mit diesem Ereignis, auch wenn es jedes Mal ein gehöriger Kraftaufwand war. Für uns Kinder aber war es ein ganz besonderes Abenteuer, speziell wenn es sich um ein Sommerhochwasser handelte. Da mein Elternhaus ziemlich weit vom Fluss entfernt stand,

1 Aktuell wird der Knappensee saniert und voraussichtlich in zwei Jahren wieder für Publikum zugänglich sein (Stand Frühjahr 2021).

erreichte uns das Wasser nur selten, aber einmal habe ich direkt vor unserem Haus auf der Straße einen Fisch gefangen und bin mit einem Freund in einer große Zinkbadewanne auf den etwas tiefer gelegenen Wiesen gepaddelt. Ein solches Hochwasser war aber eher die Ausnahme, und so verbrachte ich viele Stunden meiner Kindheit am Fluss.

Schon morgens auf dem Weg in die Schule warf ich einen prüfenden Blick von der Brücke in das klare Wasser. Nachmittags auf dem Heimweg wurde dann gemeinsam mit einem Freund ein Umweg eingelegt, der uns in das »Flussdreieck« führte. Hier wand sich der Fluss in engen Mäandern durch das Dorf. Die Ufer waren bewachsen mit schattenspendenden Erlen und Eschen, unter denen im Holunder die Nachtigallen sangen. In den Lichtspots, die durch das geschlossene Blätterdach drangen, schillerten blaue Prachtjungfern, und der Zaunkönig huschte singend durch das Wurzelwerk der Böschung. Das Wasser bildete an den Prallhängen kleinere Kolke, in denen sich Fische und Krebse mit der Hand greifen ließen, und an den Gleithängen befanden sich ausgedehnte Sandbänke. Unmittelbar vor dem See hatte man zwei Wehre errichtet, um die Wasserzufuhr zu regulieren; hier gab es die meisten Fische und Stichlingsschwärme mit Tausenden Tieren. An zwei Stellen wurde unser Paradies von Holzbrücken mit einem einseitigen eisernen Handlauf überspannt. Sie waren so schmal, dass jeweils nur eine Person sie überqueren konnte, wobei sie immer stark zu schwingen begannen. Was für ein Spaß für uns Kinder. An einer dieser Brücken befand sich auch der Einstieg in unser Paradies. Wir ließen uns an der Böschung hinabgleiten und waren plötzlich in einer anderen Welt. Noch heute muss ich dabei an einen Fluss im Regenwald denken. Wir Kinder waren dann Forscher in einem fernen Dschungel, bereit für einzigartige Entdeckungen, die die Natur für uns hier bereithielt. Auf den Sandbänken begannen wir mit den bloßen Händen, kleine Teiche anzulegen, die uns vorübergehend als Depot für gefangene Stichlinge dienten. Wir errichteten Stau- und Grabensysteme und leiteten so das Wasser durch die Sandbänke. Dabei ließ sich so mancher Schatz in Form einer bunten Scherbe oder eines einzigartigen Steins entdecken, der dann in den Hosentaschen verstaut wurde. Hier am Fluss verging die Zeit immer viel zu schnell.

In den Siebzigerjahren sollte den Hochwassern endlich ein Ende gesetzt werden, man wollte den Fluss zähmen. Das Ende des Paradieses war beschlossene Sache, und schon bald begannen die Arbeiten. Die Bäume, die das Ufer säumten, wurden gefällt, und die Böschungen mit schweren Kettenfahrzeugen planiert. Mir brach es das Herz, als man begann, die Ufer mit stahlbewerten Betonplatten auszulegen. Der Fluss meiner Kindheit wurde in ein vorgegebenes Bett gezwungen. Ich erinnere mich gut, wie ich damals auf der Brücke stand und mir ein gewaltiges Hochwasser herbeiwünschte, das tosend alles hinwegfegen und den geliebten Fluss aus seinem Betonkorsett befreien würde. Wenn ich heute ins Dorf fahre, schaue ich immer mit Wehmut auf das Schwarzwasser, es scheint, als habe sich der Fluss in sein Schicksal gefügt, die Nachtigallen sind verstummt, und Stichlinge sind selten geworden.

Ich spüre ein Kribbeln auf der Haut, eine Libelle ist auf meinem nackten Arm gelandet. Noch immer stehe ich reglos an der Spree, der Eisvogel ist nicht mehr zu hören. Langsam setze ich einen Fuß in das kühle Wasser und lasse mich dann ganz hineingleiten. Der Fluss umarmt mich, und ich genieße es. Mit kräftigen Zügen schwimme ich nun wie so oft gegen die Strömung an, um dann für einen Moment ganz unterzutauchen. Mit geöffneten Augen sehe ich die durch meine Bewegungen aufgewirbelten Luftblasen wie Perlen im Gegenlicht an die Oberfläche steigen. Nach dem Auftauchen lasse ich mich auf dem Rücken in der Strömung treiben und blinzele mit zusammengekniffenen Augen in die Lichtspots, die durch die Kronen der Bäume blitzen. Irgendwo in der Flussaue singt ein Zaunkönig, und mit schrillem Pfiff kündigt sich wieder der Eisvogel an. Das hier es ist ein ganz besonderer Ort, mein Amazonas vor der Haustür.

Mein erster Seeadler

Es kommt nicht selten vor, dass ich am Wochenende arbeite. Ich meine die Art von Arbeit, mit der man seinen Lebensunterhalt verdient. Wenn mich jemand nach meiner Tätigkeit fragt, fällt es mir nicht immer leicht, eine einfache Antwort zu geben. Irgendwann habe ich zwar mal einen Beruf erlernt, weil meine Eltern der festen Überzeugung waren, ich sollte erstmal »was Richtiges« machen. Was Richtiges lernte man hier in der Lausitz vor allem in der Kohle. In unserer Familie arbeiteten alle in der Kohle, also begann ich meine Ausbildung zum Elektromonteur im Braunkohlenkombinat Knappenrode. Was hätte ich sonst auch tun sollen nach dem eher mittelmäßigen Abschluss in der 10. Klasse? Richtig Lust auf Schule hatte ich nie, in den meisten Unterrichtsstunden träumte ich mich hinaus in meine geliebte Teichlausitz: »Nicht für die Schule lernst du, sondern fürs Leben.« Das bekam ich regelmäßig von meiner Mutter zu hören, wenn ich wieder mal eine schlechte Note mit nach Hause brachte. Und das kam gar nicht so selten vor, denn der Unterricht langweilte mich nur. Eine Ausnahme bildeten die Fächer Musik, Kunst und Literatur; Geschichte fand ich nur bis zur Zeit des Mittelalters spannend. Der Spruch meiner Mutter jedoch ging mir irgendwie nicht aus dem Kopf, und so habe ich vor einiger Zeit mal im Internet nachgeforscht. Der römische Philosoph Seneca hatte es vor etwa 2000 Jahren in einem Brief tatsächlich anders formuliert: »Nicht für das Leben, sondern für die Schule lernen wir.« Der Frontalunterricht, den ich als Schüler noch erlebte, wird leider auch heute noch praktiziert. Wen wundert es da, dass viele Schüler überfordert oder gelangweilt sind. Schule sollte deutlich praxisnäher, aber vor allem viel öfter in der Natur stattfinden.

Nun hatte also ein neuer Lebensabschnitt begonnen, das wurde mir jedenfalls nach dem Ende meiner letzten Sommerferien von verschiedenen Seiten versichert. Für mich persönlich hatte sich dagegen nicht so viel verändert, wieder musste ich die Schulbank drücken. Wieder versuchte man, mir Wissen einzutrichtern, mit dem ich nichts anfangen konnte. Ich hatte nie den Wunsch, Elektriker zu werden, aber was ich stattdessen wollte, war mir auch nicht ganz klar. Mit 16 Jahren wusste ich es einfach noch nicht. Am liebsten wollte ich in den Tag hineinleben und natürlich draußen unterwegs sein. Ich flüchtete mich wieder in meine Traumwelt, hin und wieder hatte ich ein Vogelbestimmungsbuch als Ablenkung vom tristen Unterricht in meiner Tasche. Irgendwie habe ich es trotzdem zum Facharbeiter geschafft, die Prüfung gerade so bestanden. Als Elektromonteur habe ich allerdings nie gearbeitet, und das ist gut so.

Das Wissen, das ich für meine jetzige Tätigkeit als Naturführer benötige, habe ich mir seit meiner Kindheit selbst angeeignet. Früh schon begann ich alle Bücher zu lesen, die nur irgendwie mit Natur zu tun hatten. Mein erster Lehrer für die Praxis war mein Vater. Gerne lauschte ich seinen Jugendgeschichten, und auch mein erstes Vogelbuch, das ich auf dem Dachboden fand, hatte er einst verwendet. Später kamen weitere Mentoren hinzu, Wissenschaftler und Hobbyornithologen, Herpetologen (also Menschen, die sich mit Amphibien und Reptilien befassen) und ein alter Präparator, der Kurator eines Museums und ein Tierparkdirektor. Niemand war vor mir sicher, wenn ich meinen Wissensdurst stillen wollte. Ja ich wurde sogar zum Stalker. In der »Weintraube«, einer Gaststätte in meinem Dorf, fand jedes Jahr eine Weihnachtsfeier für Rentner statt. Zu dieser Gelegenheit hielt ein Amateurfotograf aus dem Nachbarort einen Diavortrag über die Vögel der Teichlausitz. Meine Mutter, die damals in der Gaststätte arbeitete, schmuggelte mich unter die Rentner. Nie zuvor hatte ich solche Bilder gesehen, manche sind mir bis heute im Gedächtnis geblieben. So etwas wollte ich live erleben. In meiner Begeisterung wollte ich mich sofort mit dem Mann zu einem gemeinsamen Ausflug in die Teichlandschaft verabreden, schließlich war er Ornithologe und ein sehr guter Kenner der heimischen Vogelwelt. Der Mann hatte keine Familie und lebte in einem Haushalt mit seiner Mutter, mit einem Elfjährigen konnte er nicht wirklich etwas anfangen. Widerwillig sagte er trotzdem zu, sicher in dem Glauben, ich würde mich nie melden. Er hatte sich geirrt, doch auch meine Geduld wurde arg strapaziert. Wochenlang lauerte ich ihm nachmittags auf, wenn er mit seinem Rad von der Arbeit kam. Ich wartete einen Moment und klingelte dann an der Tür. Meistens öffnete sich dann oben im Haus ein Fenster, und seine Mutter versicherte, er sei nicht da. Anfangs glaubte ich gar, das Haus habe eine Hintertür. Aufgeben war aber keine Option, und so ging das Spiel bis zum Frühling. Irgendwann, seine Mutter hatte ihn eben wieder verleugnet, öffnete sich ein weiteres Fenster, und er grummelte: »Warte, ich komm' runter.« – »Haste ein Fernglas?«, fragte er grußlos, als er vor mir stand; kleinlaut verneinte ich und bekam ein Glas von Carl Zeiss Jena in die Hand gedrückt. Ich war einfach nur glücklich, als ich am Abend auf unseren Hof zurückkam. Es lohnt sich also, hartnäckig und ausdauernd zu sein, wenn man die eigenen Ziele erreichen will. Man sollte für die Dinge brennen, über die man etwas lernen möchte.

Nun hatte ich endlich einen Mentor, wenngleich er auch im Umgang mit Kindern eher ungelenk war. Mir machte das jedoch nichts aus. Hauptsache, ich hatte mein Naturerlebnis. Mit dem Fahrrad begleitete ich ihn nun öfter bei seinen Ausflügen in die Teichlausitz und lernte dabei so einiges über die Vogelwelt. Ich erinnere mich gut an den Tag, als wir das erste Mal in die Entenschänke radelten, ein kleines Örtchen unmittelbar an einem größeren Teichgebiet. Die Suche nach den Nestern der Beutelmeise dauerte nicht lange, und so schlug er vor, in der Gastwirtschaft des Örtchens eine kurze Pause einzulegen. Die Wirtschaft, die ebenfalls Entenschänke hieß und noch heißt, sei seit jeher ein Anlaufpunkt für Ornithologen gewesen, erklärte er mir. Rudolf Zimmermann, Mitbegründer der Sächsischen Ornithologen, bezog hier in der Zeit vor dem Zweiten Weltkrieg regelmäßig Quartier und erforschte die Tierwelt der Teichlausitz. Er gilt auch als Pionier der Tierfotografie, und seine Fotos begeistern mich immer noch. Mit einer in

Dresden gebauten Plattenkamera hatte er schon damals großformatige Fotos der Rohrdommel und anderer Teichvögel belichtet. Einige davon hängen – von ihm handsigniert – noch heute in der kleinen Dorfgaststätte. Damals stand ich wie gebannt mit einer roten Fasslimo in der Hand vor den Fotos. Irgendwann wollte ich auch solche Bilder machen, ich wollte ein Naturfotograf sein und sah mich schon in Gedanken, mit einer Kamera und einem langen Teleobjektiv bewaffnet, durch das Schilfdickicht streifen. Aber es sollten noch viele Jahre vergehen, bis dieser Traum wahr wurde. Meine Ausflüge in die Teichlausitz unternahm ich in der Folge immer öfter allein, denn meine Kenntnisse der heimischen Vogelwelt wurden immer besser.

An einem Sonnabend begleitete ich meinen Mentor zu einem Treffen der regionalen Ornithologengruppe. Ich war sehr aufgeregt, denn in der Fachgruppe gab es ein prominentes Mitglied: Dr. Gerhard Creutz. Er war in der Fachwelt ein hoch angesehener Naturwissenschaftler, der einige Publikationen veröffentlicht hatte. Das Tollste aber war, dass er genau das Buch geschrieben hatte, welches ich damals auf unserem Dachboden fand. Von nun an besuchte ich ihn öfter im Neschwitzer Schloss, welches sich nördlich von Bautzen in der Teichlausitz befindet und in einem Pavillon die Sächsische Vogelschutzwarte beherbergt. Damals wohnte er dort gemeinsam mit seiner Frau. Die Wände des Arbeitszimmers, aber auch der Flur und andere Wohnbereiche waren mit Regalen zugestellt, in denen sich naturwissenschaftliche Bücher, Zeitschriften und Abhandlungen stapelten. Wenn ich ihn an seinem Schreibtisch sitzen sah und er mich durch seine Brille, über die seine buschigen Augenbrauen ragten, ansah, musste ich immer an einen alten weisen Uhu denken. Meistens suchte er mir etwas zum Lesen aus den sich unter der Last der vielen Bücher biegenden Regalen heraus. Für mich aber waren die tollsten Tage die, an denen ich gemeinsam mit Dr. Creutz im Schlosspark Vögel beringen durfte. Mein Part war es dann immer, die Nistkästen zu kontrollieren, über die er akribisch Buch führte.

Ein weiterer für mich bedeutender Ornithologe der Region war Dr. Wolfgang Makatsch. Sein zweibändiges Werk *Die Eier der Vögel Europas* war schon kurz nach dem Erscheinen in meinem Buchbestand; auch ihm stattete ich in Bautzen einen Besuch ab. Mit einem Schuhkarton unter dem Arm, in dem ich verschiedene Vogeleier in Watte verpackt aufbewahrte, machte ich mich auf den Weg. Gemeinsam wurden dann die Eier bei Kakao und Keksen bestimmt.

Mit der Zeit hatte ich mir durch meine Mentoren und das Lesen spezieller Fachliteratur einiges an Wissen angeeignet. Zur Jugendweihe gab es etwas Geld, wovon ich mir mein erstes Fernglas kaufte. Das 8 x 30 von Carl Zeiss Jena war von nun an mein ständiger Begleiter. Ich kannte jede Eisvogelröhre in der Nähe meines Heimatdorfes und war für meinen alten Mentor und andere Naturfotografen ständig auf der Suche nach Brutrevieren verschiedenster Vögel. Bei Erfolg gab es dann hin und wieder ein Fachbuch aus einem Westpaket. Diese Büchersendungen waren die übliche Bezahlung von Naturfotografen aus den alten Bundesländern, die regelmäßig auftauchten. Eines Tages wollte ich für einen Fotografen in meiner Lieblingsteichgruppe nach Zwergtauchern suchen. Ich war gerade auf dem Teichdamm unterwegs und blickte über die offene Wasserfläche, als ein riesiger Schatten von hinten über mich hinwegglitt. Der Vogel hatte mich nicht bemerkt, denn ich befand mich reglos vor einer Reihe Erlen. Er strich dicht über die Baumkronen, um dann unmittelbar vor mir seinen Flug abzusenken, sodass er vor mir in etwa zwei Metern Höhe über den Teich flog. Mein erster Seeadler – und dann so nah vor mir; ich hatte eine Gänsehaut. Der damals sehr seltene majestätische Vogel hat immerhin eine Flügelspannweite von etwa 2,40 Metern, wobei die Männchen wie bei den meisten Greifvögeln etwas kleiner sind. Die Anzahl der Adlerbrutpaare ist seit damals deutlich gewachsen, und so ist es heute durchaus wahrscheinlich, bei einer Teichwanderung die Könige der Lüfte beobachten zu können. Ihren Horst, so nennt man das Nest von Greifvögeln, bauen die Adler hier in der Lausitz vor allem hoch oben in den Kronen stattlicher Kiefern. In den meisten Fällen werden von den Eltern ein bis zwei Junge aufgezogen, manchmal sind es aber auch drei. Schon sehr früh im Jahr, meist Anfang März, beginnen die Vögel mit dem Brutgeschäft. Spätestens dann sollten jegliche Störungen im Brutrevier unterbleiben, denn Adler sind sehr empfindlich. Wenn die Tiere das Nest auch nur für kurze Zeit verlassen, besteht die Gefahr, dass bei den noch recht kühlen Temperaturen die Embryonen in den Eiern absterben. Auch Küken sind dann der kalten Witterung schutzlos ausgeliefert, außerdem warten zum Beispiel Kolkraben genau auf solche Gelegenheiten. Um Adler zu beobachten, muss man aber nicht zu ihren geschützten Nistorten vordringen, gerade in der Teichlausitz bieten sich dafür oft andere Möglichkeiten. Manchmal gibt es regelrechte »Invasionen«, zum Beispiel wenn durch anhaltende Hitze in den Teichen ein Fischsterben einsetzt. Dann übernehmen die Adler gemeinsam mit Rot- und Schwarzmilanen die Rolle der Gesundheitspolizei. So konnte ich auf einer Sandbank in einem Teich schon einmal 36 Seeadler beieinandersitzen sehen, aber es gibt auch Ansammlungen mit bis zu über einhundert Tieren. Die Seeadler scheinen sich regelrecht zum Festschmaus zu verabreden. Aber wie schaffen sie es wirklich, solche Nahrungsangebote über beachtliche Entfernungen hinweg schnell ausfindig zu machen? Vermutlich liegt es daran, dass die Seeadler ähnlich wie Geier in sehr große Höhen aufsteigen und dadurch bald bemerken, wo sich weitere Tiere und somit potenzielle Nahrungsquellen befinden. Dass die Tiere dafür zum Teil größere Strecken zurücklegen, konnte durch das Ablesen beringter Adler sicher nachgewiesen werden. Auch bei der Abfischung der Teiche im Herbst stellen sich gern Adler ein, um den einen oder anderen fetten Happen zu ergattern. Im Winter wiederum sind sie nicht selten an offenen Wasserflächen mit größeren Ansammlungen von Wasservögeln zu finden. Wer einmal jagende Seeadler beobachten konnte, wird dieses Erlebnis nicht so schnell vergessen, aber auch die Balz hoch oben in der Luft ist ein beeindruckendes Schauspiel. Nach einer kurzen Herbstbalz findet die eigentliche Balz am Jahresanfang statt. Bei Sonnenaufgang kann man dann das Adlerpärchen im Duett aus dem Brutrevier rufen hören. Später führen sie dann ihre atemberaubende Flugshow vor. Dafür schrauben sie sich in die Luft, um sich dann fallen zu lassen und aufeinander zuzustoßen. Dabei verhaken sich die Partner mit den Beinen und trudeln in dieser Umklammerung schnell nach unten, um sich in geringer Höhe abzufangen und wieder aufzusteigen. Jede Begegnung mit einem Seeadler ist für mich noch immer ein besonderes Erlebnis. Und wenn ich heute an den Wochenenden als Naturführer mit meinen Gästen aus der Stadt unterwegs bin, sind es nicht selten die Orte meiner Kindheit, an die ich sie führe: »Hier an diesem Teich habe ich meinen ersten Seeadler gesehen«, erzähle ich dann mit der gleichen Begeisterung wie damals.

Schon damals als Kind hegte ich den Wunsch, später in der Natur zu arbeiten, auch wenn ich davon noch keine konkreten Vorstellungen hatte. Die Umsetzung erfolgte dann über mehrere Etappen, wobei jede meiner ausgeübten Tätigkeiten mir neue Erkenntnisse brachte. So fügte sich letztendlich wie bei einem Puzzle alles ineinander. Die einzelnen Stationen in der Teichfischerei, die Arbeit im Forstwirtschaftsbetrieb, die Tätigkeit bei der Naturschutzbehörde sowie im Bereich der Umweltbildung waren eine gute Basis für meine jetzige Arbeit als Naturführer.

Bezahlter Urlaub – Führungen durch die Natur

Ein wichtiger Teil meiner Arbeit sind Führungen in die Natur. Meist bin ich nur mit kleinen Gruppen von maximal vier Teilnehmern unterwegs. Vor meiner Selbstständigkeit waren es Gruppen mit bis zu 30 Personen. Den Ablauf muss man sich in etwa so vorstellen:

»Ich begrüße Sie im Auftrag der Biosphären-Reservatsverwaltung zu unserer heutigen Exkursion. Die ersten Teiche wurden im Mittelalter angelegt«, erklärte ich laut, damit mich alle Anwesenden verstanden. Am Anfang der Wanderung gab es von mir immer eine Einführung in die regionalen Besonderheiten. Noch standen nicht alle der 30 Exkursionsteilnehmer bei mir, einige ließen sich Zeit und hatten sich in einen privaten Plausch vertieft. Ich begann trotzdem, denn zum einen hatten wir ein straffes Programm, und zum anderen blickten einige Teilnehmer schon ungeduldig zu mir herüber. Leider hatten auch mehrmalige Einladungen, zur Gruppe aufzuschließen, kein Gehör gefunden. Als ich mit meinen Ausführungen fertig war und weitergehen wollte, trudelte endlich auch der zweite Teil der Gruppe ein. Also alles noch einmal in geraffter Form. Später, ich baute gerade das Spektiv auf und erklärte dabei den Teilnehmern den Unterschied zwischen Weibchen und Männchen der Schellente, fragte mich jemand, wann denn die Teiche angelegt worden seien. Ich erläuterte es freundlich, und dann konnten wir endlich die Vögel beobachten. Alle waren von den Schellenten begeistert. Es dauerte nicht allzu lange, da trat jemand an mich heran und fragte auf die Schellenten zeigend, was das für Vögel seien. Er hatte etwas getrödelt und inzwischen wieder zur Gruppe aufgeschlossen. Solche Gruppenführungen habe ich immer gehasst, manchmal wusste ich nicht mehr, was ich schon erzählt hatte, und anschließend war ich meist völlig fertig. An solchen Abenden war ich zu Hause nicht mehr ansprechbar und betäubte meinen Frust mit einer Flasche Rotwein, während ich auf den Fernseher starrte. Von der Handlung des laufenden Krimis bekam ich dann kaum etwas mit, ich ließ mich einfach nur berieseln und war wie in Trance.

Irgendwann fragte mich jemand bei einer Führung, was ich eigentlich »richtig« arbeite. Die Frage zielte auf meine Erwerbstätigkeit ab. Scheinbar konnte er sich nicht vorstellen, dass ich von meinen Kursen und Führungen leben kann. Ich kann sehr gut davon leben, das liegt aber nicht an den hohen Einnahmen, sondern an meinen Ansprüchen. Als Naturführer wird man nicht reich, jedenfalls nicht in finanzieller Hinsicht. Auch höre ich immer wieder, wie gut ich es hätte. In der Natur spazieren gehen und dabei auch noch Geld verdienen, das sei wie bezahlter Urlaub. Inzwischen antworte ich auf solche Anspielungen einfach nur schelmisch: »Mach doch selber!«, und grinse mein Gegenüber an. Mit der Wertschätzung ist das leider so eine Sache.

Und ja, Naturführer ist ein normaler und nicht so einfach zu machender Job, wie gern angenommen. Ein guter Naturführer sollte auf jeden Fall ein Einheimischer sein, oder zumindest sollte er schon längere Zeit in der Region gelebt haben, in der er tätig ist. Das hat nämlich den Vorteil, dass man so zum Beispiel die Orte kennt, an denen sich bestimmte Tiere gut beobachten lassen, die typischen Pflanzen der Gegend zu finden sind oder die untergehende Sonne die Landschaft an bestimmten Tagen ganz besonders gut in Szene setzt. Wer in einer Gegend ein besonderes Tier beobachten oder eine bestimmte Pflanzenart sehen möchte, sollte sich auf jeden Fall bemühen, einen Kenner der Region und ihrer Besonderheiten zu buchen. Nicht immer müssen das Personen sein, die ihre Dienste direkt als Naturführer anbieten. Es lohnt sich auf jeden Fall, bei der zuständigen Touristeninformation nachzufragen, aber auch bei Schutzgebietsverwaltungen oder regionalen Naturschutzgruppen kann man Hilfe finden. Auch Forstämter vermitteln eventuell einen geeigneten Naturkenner. Wenn man auf Nummer sicher gehen will, kann man versuchen, die Person im Vorfeld telefonisch zu kontaktieren. Bei einem persönlichen Gespräch lässt sich meist schnell klären, was man sich von der Führung verspricht. Dabei sollte man sich keinesfalls scheuen, konkrete Fragen zu stellen, damit es keine Missverständnisse gibt und die Enttäuschung am Ende nicht groß ist.

Interessanterweise genießen Jäger in der Bevölkerung pauschal ein sehr hohes Ansehen in Sachen Naturwissen. Leider habe ich jedoch sehr oft das Gegenteil erfahren müssen. Den so oft zitierten Slogan »Jagd ist Naturschutz« kann ich bei Weitem nicht bestätigen. Natürlich gibt es engagierte Jäger, die sich auch für die Natur stark machen und nicht selten weit über das von ihnen gepachtete Jagdrevier hinaus aktiv sind. Tatsächlich trifft das aber eher auf den geringeren Teil der Jägerschaft zu. Das verwundert nicht, wenn man sich mit den Anforderungen einer Jagdprüfung vertraut macht. Abgesehen von einigen Berufsjägern handelt es sich bei der Jagd um eine als Hobby ausgeübte Tätigkeit. Hierbei geht es nicht vordergründig um Naturbeobachtung, sondern um das Erlegen von Tieren. Das kann zum Nahrungserwerb geschehen, um Wildbestände zu regulieren oder auch nur, um eine Trophäe zu ergattern. Letzteres geschieht leider gar nicht so selten, darum ist für mich die sehr verbreitete Kompetenzzuweisung nicht nachvollziehbar. Außerdem musste ich des Öfteren die Erfahrung machen, dass es aus den Reihen der Jäger nicht selten große Vorbehalte gegenüber einigen Tierarten gibt. Oft spielt hier Konkurrenzdenken eine Rolle. Ein gutes Beispiel hierfür ist der Wolf, den manche Jäger als Rivalen im Jagdrevier betrachten. Natürlich macht der Wolf hier auch reichlich Beute, aber das Wild ist frei, und ein Jäger hat nicht automatisch Anspruch auf ein Tier. Nicht einmal dann, wenn er der Besitzer des Jagdreviers ist. Erst wenn das Tier tot ist, geht es in sein Eigentum über. Nach meiner Erfahrung sind also Jäger nicht von vornherein als geeignete Naturführer zu empfehlen.

Hier bei uns in der Lausitz sind im Augenblick Touren zum Thema Wolf sehr begehrt. Dazu gibt es inzwischen auch mehrere Angebote von Einrichtungen oder privaten Naturführern. Trotzdem gibt es immer wieder Naturfreunde, die sich die Kosten dafür sparen möchten und auf eigene Faust losziehen. Das ist natürlich in Ordnung, wenn man alle gesetzlichen Bestimmungen einhält und mit dem Thema vertraut ist. Die Erwartungen werden aber oft nicht erfüllt, weil man eben nicht ortskundig ist oder nicht weiß, auf was man jeweils achten muss. Einmal wollte ich mit einem Gast zum Abschluss einer Tagestour einen beliebten Hotspot aufsuchen, um am Abend vielleicht noch einen Wolf beobachten zu können. An einem öffentlichen Aussichtspunkt, der an einer Böschung vor einer großen Ebene liegt, hatte man zu dieser Zeit besonders gute Chancen. Von hier aus konnte man weit über die Landschaft blicken, und in diesem Jahr war das ansässige Wolfsrudel in der Ebene auch des Öfteren zu sehen gewesen. Als wir eintrafen, waren etwa zehn weitere Beobachter vor Ort, keiner von ihnen war zuvor da gewesen, wie ich später erfuhr. Alle waren wegen der Wölfe angereist. Es hatte sich also inzwischen herumgesprochen, dass es hier einen Hotspot gibt. Ich fragte die Anwesenden, ob sie inzwischen etwas gesehen hätten, während ich mein Spektiv aufbaute. Prompt kam die Antwort, nur Kraniche, es sei nichts los. »Das ist immerhin auch ganz schön, denn das sind wunderbare Vögel, die nicht überall zu sehen sind«, erwiderte ich. Die Naturfreunde stellte meine Antwort kaum zufrieden, schließlich waren sie mit anderen Erwartungen hierhergekommen. Mit meinem Spektiv brauchte ich nicht mal eine Minute, um das zu finden, wonach sie suchten. Also machte ich sie auf die zwei schlafenden Wolfswelpen aufmerksam, die scheinbar seit einiger Zeit in etwa 500 Metern Entfernung lagen. Die anderen Beobachter staunten nicht schlecht, sie hatten sie bis dahin tatsächlich übersehen. »Die sehen ja wie Sandhügel in der Landschaft aus«, sagte einer daraufhin; er konnte es nicht fassen, sie nicht selbst entdeckt zu haben. Viele Menschen haben ein ganz bestimmtes Bild von ihrer Begegnung mit einem Tier im Kopf, wenn sie sich in die Natur begeben. Das ist kaum verwunderlich, schließlich kennen sie diese Tiere oft nur von Bildern oder aus Filmbeiträgen. Dort sind sie natürlich optimal in Szene gesetzt, und die wenigsten ahnen, wie viele Stunden Naturbeobachtung notwendig sind, damit eine solche Aufnahme gelingt. Werden die Erwartungen enttäuscht, tröstet natürlich auch die Erklärung nicht, dass es sich schließlich um Wildtiere handelt und Garantien für eine Beobachtung ausgeschlossen sind. Ein guter Naturführer aber weiß, worauf er achten muss, schließlich hat er Erfahrungen, die auf regelmäßigen Begehungen beruhen, und so bleiben seine Beobachtungen nicht dem reinen Zufall überlassen. Ein weiterer wichtiger Punkt ist die Ausrüstung, durch die eine Beobachtung optimiert werden kann. Bevor ich mit einer Gruppe losgehe, frage ich daher immer, ob alle ein Fernglas dabeihaben. Daraufhin beginnen einige im Rucksack zu wühlen und bringen nach einiger Zeit das gute Stück zum Vorschein. »Wenn ihr Tiere damit beobachten wollt, sollte es sofort zur Hand sein«, erkläre ich ihnen, ein Fernglas im Rucksack macht keinen Sinn. Dann schaue ich mir die mitgebrachten Gläser immer kurz an, um sie auf ihre Tauglichkeit zu prüfen. Wie oft haben mir Besucher Ferngläser von den Wühltischen der Discounter auf meinen Führungen präsentiert. »Super Glas, war bei Dingsda im Angebot für nur 49,95 Euro«, berichten sie stolz. Die meisten dieser Teile sind allerdings völlig ungeeignet, da kann man sich auch gleich zwei leere Flaschen vor die Augen halten. Nicht selten bilden sie nicht mal in der Bildmitte scharf ab, und oft gibt es üble Farbsäume; ein so verfälschtes Bild schmälert die Beobachtung natürlich ungemein. Für den Notfall habe ich also immer ein bis zwei gebrauchstaugliche Gläser dabei. Außerdem gehört zu meiner Ausrüstung ein hochklassiges Spektiv, schließlich möchte ich auch Tiere in großer Entfernung zeigen. Ich will hier aber keinesfalls den Eindruck erwecken, dass Naturbeobachtung ein unbezahlbares Hobby sei, aber ein Fernglas sollte zumindest seinen Zweck erfüllen, und die Billiggläser können das leider nicht; sie taugen auch nicht als vorübergehende Alternative. Vielmehr rate ich dazu, ein gutes gebrauchtes Fernglas zu kaufen, im Internet finden sich da nicht selten Schnäppchen, mitunter sogar von renommierten Herstellern. Hilfreich sind bei Ausflügen in die Natur auch Bestimmungsbücher, gerade für angehende Ornithologen sind sie oft unverzichtbar. Wer jedoch sein Gepäck möglichst klein halten möchte, kann sich mit einer schnell angefertigten Skizze im Notizbuch behelfen. Wenn die Aufzeichnungen nach einem vernünftigen Schema angefertigt werden, kann man auch zu Hause im Nachhinein eine Bestimmung durchführen. Welche Details in so eine Skizze gehören, kann man ebenfalls im Internet oder in der einschlägigen Literatur recherchieren. Inzwischen gibt es auch Apps, die die Bestimmung von Tieren und Pflanzen übernehmen, allerdings empfehle ich eher, sie nur zusätzlich zu Rate zu ziehen. Denn wenn man tatsächlich etwas lernen möchte, ist die klassische

Methode der Bestimmung immer die beste. Sehr hilfreich bei der Vogelbeobachtung sind aber auf jeden Fall Apps mit Vogelstimmen. Auch hier gibt es inzwischen eine Vielzahl, und das Handy hat schließlich fast jeder dabei. Abraten möchte ich aber davon, wiederholt Vögel in ihrem Lebensraum mit der Stimme eines potenziellen Nebenbuhlers zu malträtieren. Schließlich kann diese Methode den Tieren eine ganze Menge zusätzlichen Stress bereiten. Trotz all der vielen Hilfsmittel ist es aber auf jeden Fall von Vorteil, sich ein gewisses Grundwissen über die Arten und deren Lebensraum anzueignen. Man kann natürlich nicht alles wissen, und ich nehme mich da keinesfalls aus, weshalb ich regelmäßig in meine Bücher schaue und mich im Zweifelsfall der vielen anderen Hilfsmöglichkeiten bediene. Der beste Lehrer aber ist und bleibt die Natur, und so wird man mit der Zeit, wenn man oft draußen unterwegs ist, sein Wissen erweitern und festigen. Hier lernt man ständig dazu. Fehler können natürlich trotzdem passieren, insbesondere wenn man eine Beobachtung nur oberflächlich interpretiert. Man sollte also genau hinschauen, bevor man sich zu voreiligen Schlüssen hinreißen lässt.

Das wurde mir unter anderem klar, als ich bei einem Spurenkurs eine Wolfsspur bezüglich der Gangart völlig falsch deutete. Ein Freund, der in dem Fall mit mir zusammenarbeitete, meldete Bedenken an. Anfangs wollte ich mir den Fehler nicht eingestehen, aber dann schaute ich genauer hin und musste ihm recht geben. Nicht selten ist es so, dass wir bei nur oberflächlicher Betrachtung Dinge sehen, die wir sehen wollen. Schnell manifestiert sich das in den Köpfen, und es ist nur schwer davon loszukommen;

im Gegenteil, man versucht weitere Belege für seine Meinung zu finden. Manchmal ist ein Wechsel der Perspektive eine Möglichkeit, Gesehenes besser zu verstehen. Vor Jahren machte ich bei einer Wochenveranstaltung zum Thema Wolf eine eintägige Tierspurenexkursion, die ein Einstieg in die Methode des Spurenlesens sein sollte. Es war Anfang März, und die Offenfläche, auf der wir unterwegs waren, war noch mit einer verharschten Schneedecke überzogen. Tierspuren gab es hier reichlich, wenn auch in unterschiedlicher Qualität. Manche waren frisch, andere schon älter, und somit war die Zuordnung zu einer Tierart für die Teilnehmer nicht einfach. Ich betonte immer wieder, genau hinzuschauen, und forderte die Spurenleser auf, mir mitzuteilen, was sie entdeckt hatten. Es geht dabei vor allem darum, sich nicht sofort auf eine Tierart festzulegen, sondern so viele Hinweise wie möglich zu sammeln und dann das Ganze wie bei einem Puzzle zusammenzufügen. Einer der Teilnehmer war Jäger und hatte scheinbar keine Freude an der Aktion, er hatte sich von der Veranstaltung etwas anderes versprochen und war sich sicher, in Sachen Spurenlesen sattelfest zu sein. So machte er seinem Unmut Luft, indem er mich ständig unterbrach und das Ergebnis vorwegnahm. »Was sehen wir hier?«, fragte ich zum Beispiel und zeigte auf einen großen Abdruck von Schalentieren. Eine mögliche Antwort wäre dann eventuell, »zwei große parallele Schalen und zwei kleine jeweils seitlich daneben«. »Sau im Schritt!«, rief der Jäger schnell und ungefragt dazwischen, um sich darauf gelangweilt abzuwenden. Ich ließ mich anfangs nicht beirren und widmete mich einer anderen Spur. »Rotwild«, kam er mir zuvor; ich hatte nicht mal Zeit, meine Frage zu stellen. »Schwarzwild, Reh, Fuchs, Rotwild«, kam es ständig von ihm wie aus der Pistole geschossen. Zunehmend erntete er dafür beeindruckte Blicke von den anderen Teilnehmern. Mir schien die Veranstaltung aus der Hand zu gleiten. Ich musste die Sache in Griff bekommen – eine echte Herausforderung, doch bald schon bekam ich meine Chance. Ich fand eine ältere Spur mit regelmäßigen Abständen; welches Tier sie hinterlassen hatte, ließ sich eher erahnen. Es waren weder Krallen noch Zehen zu sehen, da die Ränder der Spur offensichtlich mehrmals angetaut und wieder gefroren waren. Nur die Abstände der einzelnen Abdrücke voneinander ließen einen Rückschluss auf das gesamte Spurenbild zu. »Fuchs!«, rief mein Herausforderer von hinten sofort. »Geschnürt«, fügte er noch hinzu – ein Hinweis auf die Gangart. Die anderen Teilnehmer sahen mich erwartungsvoll an. »Das schauen wir uns diesmal etwas genauer an«, erwiderte ich. »Um sicherzugehen, ist es oft notwendig, eine solche Spur über eine längere Strecke zu verfolgen«, erklärte ich und erntete dafür ein verächtliches Grinsen des Jägers, der sich seiner Sache sicher war. Über die ersten Meter schien er tatsächlich recht zu behalten, die Abdrücke waren schön regelmäßig in den typischen Abständen angeordnet. Wie auf einer Perlenschnur. Solche Spurbilder sind Abbilder der bevorzugten Gangart einiger hundeartiger Tiere, zum Beispiel von Fuchs oder Wolf. Die Größe der einzelnen Abdrücke hatte den Jäger veranlasst, sich auf einen Fuchs festzulegen. Nach etwa 25 Metern wurde er aber unruhig, denn der Abstand der einzelnen Abdrücke wurde größer, und es waren immer deutlichere Spurengruppen mit jeweils vier Abdrücken zu erkennen. Als wir bei 3,50 Metern Abstand waren, gab er sich geschlagen. Der Fuchs hatte sich als Hase entpuppt. Die oberflächliche Betrachtung hatte den Jäger veranlasst, sich eine schnelle Meinung zu bilden. Für mich war der Tag gerettet, und für alle Teilnehmer war es ein schönes Lehrbeispiel zu sehen, wie wichtig es ist, sich Zeit zu nehmen, genau hinzuschauen und sich nicht gleich festzulegen. Das gilt natürlich nicht nur für Tierspuren, auch bei der Tierbestimmung oder der Interpretation von Beobachtungen kann das hilfreich sein.

Als Naturführer wird man immer wieder mit solchen oder ähnlichen Situationen konfrontiert. Dabei sollte man stets die Ruhe bewahren, denn solange man auf einen umfangreichen Erfahrungsschatz und eine gute Kenntnis der Natur im Aktionsgebiet zurückgreifen kann, sollte das kein Problem darstellen. Bei diesem Job geht es nicht darum, die Teilnehmer einer Führung zu bespaßen, wie es vielleicht ein Animateur in einem Freizeitpark tut. Naturführer haben vielmehr einen Bildungsauftrag.

Ich verstehe mich vor allem auch als ein Vermittler zwischen den Menschen, mit denen ich unterwegs bin, und der Natur, in die wir uns begeben. Das setzt nicht nur ein gewisses Einfühlungsvermögen im Umgang mit meinen Gästen voraus, sondern auch Demut gegenüber Flora und Fauna.

Mit allen Sinnen durch das Jahr

Übung 1: Frühlingserwachen

Bei meinen Führungen ist mir im Laufe der Zeit immer wieder aufgefallen, dass Teilnehmer oft nicht bei der Sache sind. Sie kommen untereinander ins Gespräch, das sich häufig um ganz andere Dinge dreht. Ich habe mich anfangs gefragt, woran das liegen mag. Die Qualität der Veranstaltung konnte nicht der Grund sein, denn sobald ich etwas Neues zeigte, waren sie wieder dabei. Inzwischen kenne ich den Grund: Viele Menschen haben einfach verlernt, selbst draußen auf Entdeckungsreise zu gehen. Man wartet darauf, dass etwas geboten wird, und lässt sich am liebsten bespaßen. Im schlimmsten Fall läuft man beim sonntäglichen Familienspaziergang, versunken in eine Diskussion über das langweilige Fernsehprogramm des Vorabends, am Tagpfauenauge oder anderen Schönheiten vorbei. Später dann, wieder vor dem Bildschirm, betrachtet man staunend den wunderschönen Falter in einer Naturdokumentation, ohne zu wissen, dass man ihm bereits begegnet ist.

Also versuche ich bei Führungen immer, die Aufmerksamkeit meiner Gäste auf die Natur zu lenken. Das funktioniert am einfachsten über das Spiel. So haben wir als Kin-

Im Spreecamp vor meiner Hütte

Mit Tinka in der Teichlausitz

Star mit Hühnerfeder

Das Schwarzspechtmännchen an der Bruthöhle in der Spreeaue

Die Spree direkt vor meiner Haustür

Junger Eisvogel

Gebänderte Prachtlibelle

Nutria am Spreeufer

Porträt einer Ringelnatter

Die »Blaumänner«: Moorfroschmännchen zur Paarungszeit

Karpfenteiche in der Teichlausitz, eine sehr artenreiche Kulturlandschaft

Graugänse sind häufige Brutvögel in den Teichgebieten.

Waschbär auf Nahrungssuche im Teich

Rufendes Laubfroschmännchen zur Paarungszeit

Singschwan im Brutrevier

Die Rohrdommel ist ein sehr heimlicher Vogel, der im Schilfwald lebt und sich nur selten zeigt.

Ein See in der Lausitz, der vor wenigen Jahren noch ein aktiver Braunkohletagebau war.

Haubentaucher stellen sich ein, sobald der See von Fischen besiedelt ist.

Grünfrösche gehören zu den Amphibien, die schnell neue Lebensräume besiedeln.

Der Fischotter ist in der Lausitz noch gut vertreten.

Ein markanter Singvogel an Gewässern mit Schilfzonen ist der Drosselrohrsänger.

Die majestätischen Seeadler sind immer ein besonderes Naturerlebnis.

Kolkraben sind sehr intelligente Vögel.

der gelernt, und so hat es uns die Natur vorgegeben. Gerade im Frühling ist die Natur voller verschiedener Klänge und Geräusche. Leider nehmen wir die meisten kaum noch wahr. Oder sind Sie auf dem Weg zur Arbeit schon einmal verzückt stehengeblieben und haben dem Gesang der Amsel im Stadtpark zugehört? »Dafür habe ich keine Zeit«, antworten mir die meisten auf meine Frage. Das mag sein, aber auch am Wochenende, wenn wir frei haben, wird das Flöten nur leise im Hintergrund registriert.

Ich bin mit einer kleinen Gruppe in der Flussaue in Dorfnähe unterwegs. Die zwei miteinander befreundeten Pärchen haben sich lange nicht gesehen und verbringen ein gemeinsames Wochenende abseits vom Alltagsstress. Sie haben mich für einen Frühlingsspaziergang gebucht, und das Wetter zeigt sich von seiner besten Seite. Die beiden Frauen sind in ein Gespräch vertieft, die Männer laufen gedankenversunken neben mir her und stellen mir hin und wieder Fragen. Dabei geht es um den Wolf, und ob ich schon vom letzten Übergriff auf eine Schafherde gehört hätte.

Rings um uns explodiert die Frühlingslandschaft, verschiedene Singvögel sind auf Partnersuche oder zeigen besetzte Reviere an, aber meine Gäste unterhalten sich weiter. Sie scheinen ihr Thema gefunden zu haben, auch wenn sie keine Wolfsführung gebucht haben. Ich bleibe plötzlich stehen und frage:

»Haben Sie das gehört?« Die Frauen verstummen, und alle schauen mich erstaunt an.

»Was meinen Sie?«

»Lassen Sie uns etwas ausprobieren«, schlage ich vor.

Die vier stehen im Halbkreis um mich herum, und ich bitte sie, die geschlossenen Hände vor die Brust zu heben. Nun fordere ich sie auf, die Augen zu schließen und sich auf die Geräusche um uns herum zu konzentrieren. Für jedes neue Naturgeräusch spreizen sie nun einen Finger ab. Das Ganze dauert nur eine Minute, und nachdem wir gemeinsam die Geräusche aufgezählt haben, sind sie sehr erstaunt darüber, was sie alles wahrgenommen haben. Ein Rascheln im Laub, verschiedene singende Vögel, eine Hummel, die dicht an uns vorübergeflogen ist, und ein knackender Ast, das Plätschern des Flusses an einer Schwelle und den sanften Wind im Gras.

»Das ist wunderbar«, sagt eine der Frauen, »eine richtige Frühlingsstimmung«, meint die andere, und zu ihrem Mann gewandt: »Das müssen wir in der nächsten Woche unbedingt mit unseren Enkeln machen.« Nachdenklich stimmt er ihr mit einem Kopfnicken zu. Natürlich kennen meine Gäste die einzelnen Vogelarten nicht, die sie gehört haben, aber ich kann sie aufklären. Jetzt sind sie endlich richtig draußen angekommen. Ich spüre förmlich die Begeisterung, und während wir verschiedene Kräuter für einen Frühlingssalat sammeln, hält die eine Frau plötzlich inne und sagt: »Das war doch jetzt ein Buchfink.« Glücklich lächelt sie, als ich bestätigend nicke.

Inzwischen sind die beiden Paare und ich an einem kleinen Waldstück angekommen. Der Übergang von der Flussaue in den etwas höher gelegenen Kiefernwald vereint an dieser Stelle verschiedene Baumarten. Ich mache den Vorschlag, noch ein kleines Spiel auszuprobieren. Inzwischen ist die kleine Gruppe locker und dazu bereit. Aus meinem

Rucksack hole ich zwei Tücher und erkläre, dass jeweils zwei Personen gemeinsam agieren. Dabei bekommt einer der beiden die Augen mit dem Tuch verbunden, wird von seinem Mitspieler bei der Hand genommen und in den Wald geführt.

Wer diese Übung durchführt, sollte unbedingt darauf achten, dass dies langsam und behutsam geschieht und vom führenden Partner kommentiert wird. Er sollte auf Hindernisse wie Äste, Bodensenken oder Baumstümpfe hinweisen, damit es nicht zu einem Sturz kommen kann. Der Weg sollte aber nicht geradlinig, sondern gern im Zickzack oder auch mal im Kreis verlaufen. Das Ziel ist ein markanter Baum, der kurz vor der Ankunft angekündigt wird: »Bitte streck nun deine Arme aus und berühre den Stamm«, kommentiert der Führende. Dann wird der Baum gründlich mit den Händen untersucht und befühlt, markante Merkmale wie Astlöcher, Gabelungen oder Auswüchse soll sich der Spieler unbedingt einprägen. Aber auch die Rindenstruktur und der Umfang des Baumes sind hilfreich, ebenso wie der Stammfuß und sein Umfeld.

Bitten Sie den Teilnehmer ruhig, sich hinzuhocken und den Bodengrund um den Stammfuß zu ertasten. Nachdem dann der Spieler bestätigt hat, sich alles eingeprägt zu haben, wird er vorsichtig zum Ausgangspunkt zurückgeführt. Dabei dürfen Sie gerne wieder einen kleinen Umweg einbauen, um es nicht zu leicht zu machen. Nun wird dem Spieler das Tuch abgenommen, und er hat einen kurzen Moment, um sich zu orientieren, bevor er dazu aufgefordert wird, den Baum wiederzufinden. Wichtig ist dabei, dass man zur Nachsuche wieder losgeht, verschiedene

Bäume ertastet und vergleicht. Lassen Sie sich nicht dazu verleiten, dem Spieler, der aus der Ferne auf einen Baum zeigt, die Richtigkeit zu bestätigen. Meistens wird der Spieler nach erfolgreicher Suche den Baum begeistert genauer untersuchen. Besonderheiten werden intensiv betrachtet und befühlt. Ist das Spiel beendet, tauschen die Partner die Rollen. Meiner Erfahrung nach macht dieses Spiel sehr viel Freude. Ich habe es mit Kindern und Erwachsenen aller Altersgruppen gespielt.

Zum Abschluss noch eine Bitte: Nehmen Sie einen kleinen Beutel mit und sammeln Sie darin den Müll, der unterwegs herumliegt. Wenn wir das alle hin und wieder tun, können wir unsere Umwelt sehr viel attraktiver machen.

Im Frühling mit Blaumännern, Moorochsen und Beutelmeisen

Es ist ein Montag mitten im März. Die letzte Woche war völlig verregnet, und ein kalter Westwind drückte die Schauer gegen meine Hütte. Die Flüssigkeit im Thermometer schaffte es in den zurückliegenden Tagen gerade so in den Bereich über null, kletterte aber jeden Tag ein kleines Stück weiter. Ich nutzte also die Zeit, um einige organisatorische Dinge aufzuarbeiten, was mir zugegeben nicht unbedingt große Freude bereitet. Schon beim Aufstehen habe ich nach einem prüfenden Blick aus dem Fenster den Wetterumschwung wahrgenommen. Heute werde ich den Tag nicht am Schreibtisch vertrödeln. Ich beeile mich beim Frühstück und packe danach meine Sachen. Meine Hündin Tinka verfolgt das Ganze aufmerksam, auch sie scheint zu spüren, dass ein ausgedehnter Ausflug ansteht. Es soll in die Teichlausitz gehen, denn ich will die Ankunft der Blaumänner nicht verpassen.

Die Teichlausitz ist keine natürliche Landschaft. Etwa im 11. Jahrhundert sollen die ersten Teiche entstanden sein. Die hier lebenden Slawen hatten Erfahrung mit der Errichtung langer Dämme und Burgwallanlagen im unwegsamen Sumpfland. Die so künstlich entstandenen flachen Gewässer lassen vermuten, dass sie schon sehr früh zur Karpfenzucht genutzt wurden, da die anspruchslosen Fische hier beste Bedingungen haben. Mit der Zeit wurden aus einzelnen Teichen Teichgruppen, die über ein ausgeklügeltes Bewässerungssystem versorgt wurden. Eine Regulierung war unbedingt notwendig, um die Abfischung im Herbst zu gewährleisten, denn dazu werden die Teiche abgelassen. Die so entstandene Kulturlandschaft prägt die Lausitz bis heute. Man nennt die Region auch »Land der tausend Teiche«. Jetzt im März nutzen die Fischer das Wasser aus dem Lausitzer Bergland, um die Teiche wieder zu bespannen – so wird das Befüllen der Teiche genannt.

Inzwischen bin ich am Teichgebiet angekommen, und Tinka springt in freudiger Erwartung aus dem Auto. Die Märzsonne überzeugt mich, meine warme Jacke im Auto zu lassen, ich atme die frische Vorfrühlingsluft ein. Vom gegenüberliegenden Ufer begrüßt mich mit lautem Trompeten eine Gruppe Singschwäne. In den Wintermonaten kommen sie aus dem Norden, denn in Skandinavien und Sibirien sind in dieser Zeit die Seen zugefroren, sodass die Nahrungssuche unmöglich ist. Hier finden sie auf den Rapsfeldern zumeist einen reich gedeckten Tisch und auf den Teichen und Tagebauseen der Lausitz fast immer eine offene Wasserfläche zum Übernachten. Ansammlungen mit bis zu 800 Tieren konnte ich in der Lausitz schon beobachten, manchmal sind sogar einige der seltenen Zwergschwäne darunter. Man muss aber schon sehr genau hinschauen, um sie von den Singschwänen zu unterscheiden. Singschwäne haben einen kräftig zitronengelben Schnabel mit einer schwarzen Spitze, bei den etwas kleineren Zwergschwänen ist der Schwarzanteil sehr viel größer. Die bei uns häufigen Höckerschwäne besitzen hingegen einen orange-altrosafarbenen Schnabel mit einem schwarzen Wulst am Ansatz. Als Einzige der drei bei uns vorkommenden Arten kündigen sich Höckerschwäne in der Luft mit einem sirrenden Fluggeräusch an, was eine Verwechslung unmöglich macht. Zwei der Singschwäne haben sich deutlich von der Gruppe abgesetzt und gleiten wie weiße Boote durch das Wasser. Vielleicht ist es das Paar, das seit einigen Jahren hier in der Teichgruppe erfolgreich brütet. Jahr für Jahr entschließen sich mehr Tiere dieser Art, in der Lausitz zu bleiben und ihrem Brutgeschäft nachzugehen. Mich verwundert das nicht, haben doch die kleinen Moorseen in ihrer angestammten Heimat eine große Ähnlichkeit mit unseren Teichen.

Plötzlich fliegen unmittelbar vor mir zwei Graugänse auf. Sie scheinen noch keinen geeigneten Brutplatz gefunden zu haben. Da endlich vernehme ich ein leises, glucksendes »Wub, Wub« aus dem Schilf im Teich vor mir. Die ersten Blaumänner sind in Hochzeitsstimmung und beginnen ihr Konzert. Seit einigen Tagen haben sich die Frösche auf den Weg zu den Laichgewässern gemacht, und täglich werden es mehr. Es sind die Männchen der Moorfrösche, die um diese Zeit an sonnigen Tagen im himmelblauen Hochzeitskleid um die Gunst der Weibchen werben. Die blaue Hochzeitstracht entsteht dabei durch Lymphflüssigkeit, die sich unter der oberen Hautschicht sammelt. Sie ist nur für wenige Tage zu sehen und zieht neben den Moorfroschweibchen auch immer wieder Naturfotografen in den Bann. So auch mich. Seit über einer Viertelstunde harre ich schon reglos im Uferbereich des Teiches aus, als ich plötzlich dicht neben mir ein knurrendes Geräusch vernehme. Diesmal ist es ein Grasfrosch, der auf Brautschau ist. Die etwas größeren Verwandten der Moorfrösche sind ebenfalls in der Lausitz heimisch und nutzen oft die gleichen Laichplätze. Hier verschmilzt dann das Knurren und Blubbern der beiden Braunfroscharten zu einem ganz speziellen Konzert. Endlich taucht wieder ein Moorfroschmännchen vor mir auf und lässt sein »Wub, Wub« hören. Dann geht es Schlag auf Schlag, überall sind jetzt die blauen Gesellen zu sehen, und sie reagieren auf jede Bewegung im Wasser, schließlich könnte es sich um eines der begehrten Weibchen handeln. Diese werden dann umklammert und nicht mehr losgelassen, bis der Paarungsakt vorbei ist. Bei manchen Froschlurchen wie zum Beispiel der Erdkröte, ist der Paarungstrieb so stark, dass alles umklammert wird, was sich bewegt. Männchen der eigenen Art, andere Froschlurche, ja sogar Karpfen wurden schon in der Umklammerung eines Erdkrötenmännchens gefunden. Noch immer ist es mir nicht gelungen, ein brauchbares Foto zu machen. Ich möchte das Treiben nicht stören, und so bewege ich mich langsam, um in eine bessere Position zu kommen; aber die Tiere sind so im Hochzeitsrausch, dass sie kaum Notiz von mir nehmen. Tatsächlich entdecke ich nun auch die ersten Laichballen. Zwischen 500 und bis 3000 Eier enthält so ein Laichballen vom Moorfrosch. Die Moorfroschweibchen legen die Ballen meist auf Pflanzensubstrat im Wasser ab, und hier quellen sie nach kurzer Zeit bis auf Faustgröße auf. Nach dem Schlupf haben die kleinen Larven einige Gefahren zu meistern; im Teich sind sie begehrte Beute von Molchen, Fischen oder Libellenlarven, und auch nach der Entwicklung zum

Frosch wird ihr Dasein nicht unbedingt leichter. Bei verschiedenen Vögeln, Schlangen und einigen Säugetieren stehen sie auf dem Speiseplan. So ist es nicht verwunderlich, wenn nach etwa zwei bis drei Jahren nur ein geschlechtsreifer Moorfrosch pro Ballen übrig bleibt und den Weg zum Laichgewässer antritt. Aber die natürlichen Feinde sind für das Überleben der Frösche das kleinere Übel. Das wirkliche Problem ist der Mensch mit seinen Straßen, Pestiziden und der Zerstörung von Laichgewässern.

Endlich habe ich meine Bilder im Kasten und ziehe mich wieder auf den Teichdamm zurück, schließlich möchte ich mit Tinka noch eine Runde drehen. Gerade als ich mich aus meiner Wathose befreie, höre ich aus dem Schilfgürtel im Nachbarteich ein dumpfes Brummen. Es klingt, als würde jemand eine mit etwas Wasser gefüllte Flasche als Panflöte benutzen. Die große Rohrdommel ist wieder im alten Brutgebiet. Dieser heimliche Vogel, der früher auch Moorochse genannt wurde, beeindruckt mich immer wieder. Den Namen verdankt sie natürlich dem weithin vernehmbaren tiefen Brummton, welchen die Männchen durch das Herauspressen von Luft aus dem zuvor aufgepumpten Kehlsack erklingen lassen. Im Schilf ist sie, dank ihres längs gestreiften Federkleides, praktisch unsichtbar. Vor allem dann, wenn sie still verharrt oder die sogenannte Pfahlstellung einnimmt. Dazu streckt die Rohrdommel mit angelegten Flügeln Schnabel und Hals gerade nach oben. Einmal bin ich mit dem Auto auf einem Fahrweg langsam durch ein Teichgebiet gerollt, um Ausrüstungsgegenstände zu transportieren. Bei so einer Gelegenheit sind immer die Fenster heruntergelassen, und die Kamera liegt griffbereit auf dem Beifahrersitz. Ich war schon fast am Ziel, als ich kurz vor mir im Schilf den Ruf einer Rohrdommel vernahm. Sofort stellte ich den Motor ab und ließ das Auto ausrollen. Unmittelbar an der Stelle, an der die Dommel eben noch gerufen hatte, kam es zum Stehen. Mein Blick durchstreifte das Schilf dicht neben dem Fahrweg, hier musste sie irgendwo sein, aber ich entdeckte nichts. Also nahm ich mein Fernglas und betrachtete Halm für Halm und Blatt für Blatt aus unmittelbarer Nähe. Dann endlich ein senkrecht stehendes Schilfblatt, an dessen Rand ich zwei Halbschalen bemerkte, die sich bei genauerer Betrachtung als Augen entpuppten. Ich hatte die Rohrdommel gefunden, was für ein Glücksgefühl! Sie hatte die Pfahlstellung eingenommen. Zum ersten Mal konnte ich das, was ich bisher nur aus der Literatur kannte, selbst erleben. Nach einiger Zeit nahm sie den Kopf wieder herunter und schritt langsam und behutsam durch das Schilf. Selbst wenn sie sich so bewegte, war sie kaum zu entdecken. Vorsichtig kam sie aus dem Schilf heraus auf den Teichdamm; ich hatte inzwischen das Auto verlassen und stand frei da, ohne mich zu bewegen. Die Rohrdommel aber überquerte nun völlig deckungslos den Teichdamm, nach jedem Schritt machte sie eine schwingende Bewegung und federte mit dem ganzen Körper nach vorn und zurück, wobei sich die Beine nicht bewegten. Es erinnerte ein wenig an Michael Jackson beim Tanzen, und ich musste lachen. Möglicherweise gehört dieses Verhalten zur Tarnstrategie, eventuell imitieren die Tiere dadurch sich im Wind wiegendes Schilf. Aber das ist meine eigene Vermutung, in der Literatur konnte ich bisher nichts dazu finden. Inzwischen hatte die Rohrdommel den Teichdamm überquert und war im Schilfgürtel des Nachbarteichs untergetaucht. Damals gelang es mir, einige Porträts von ihr zu machen, für eine Aufnahme des ganzen Vogels war ich mit meinem Teleobjektiv jedoch viel zu dicht dran, das sollte mir erst später gelingen. Immer wenn ich in dieser Teichgruppe bin, muss ich an dieses wunderbare Erlebnis denken, und ich ertappe mich dabei, wie ich an den Schilfhalmen nach den Halbschalen Ausschau halte.

Es wird Zeit weiterzugehen, Tinka sitzt schon gelangweilt vor mir und sieht mich mit erwartungsvollem Blick an. Also streifen wir gemeinsam weiter durch die Teichgruppe. Immer wieder mache ich Halt, um die Wasserflächen mit dem Fernglas abzusuchen, und überall regt sich das Leben. An einer Birke entdecke ich ein Beutelmeisennest aus dem vergangenen Jahr. Noch ist es zu früh, sie wird erst Mitte April wieder hier sein und ein neues kunstvolles Nest bauen. Dann sucht sich das Meisenmännchen einen Zweig, der sich einige Meter über dem Boden oder der Wasseroberfläche befindet, und beginnt, dessen Ende mit Gräsern zu umweben, um dann nach unten hin einen Ring zu bilden. Im unteren Teil wird aus feinen Pflanzenteilen und Haaren eine Art Körbchen gebaut. Das Männchen wirbt in dieser Zeit intensiv mit Gesang, um eine Partnerin anzulocken. Gelingt dies, und dem Weibchen gefällt dazu noch der Standort, bauen sie das Nest gemeinsam fertig, bis es schließlich aussieht wie ein kleiner Beutel mit einer kurzen angesetzten Röhre. Bei starkem Wind pendeln die Nester manchmal waagerecht in der Luft. Wie mag es in solchen Momenten den Jungtieren oder brütenden Altvögeln ergehen? Je mehr ich darüber nachdenke, desto weiter dreht sich mir der Magen um, ich bin in meinem Leben nur einmal mit einer Achterbahn gefahren und werde es sicher nie wieder tun.

Plötzlich schrecke ich auf, direkt vor mir sprinten einige Bläßrallen über die Wasseroberfläche. Ein sehr lautes und auffälliges Spektakel, es geht schließlich um die besten Nistplätze. Gerade jetzt im Frühjahr, wo die Nachmittagssonne tiefer steht, ist das Ganze im Gegenlicht ein wunderbares Schauspiel. Wenn sich die Rivalen zu nahe kommen, schwimmen sie mit nach vorn gestreckten, dicht über der Wasseroberfläche gehaltenen Köpfen und aufgestellten Flügeln aufeinander zu. Dabei lassen sie immer wieder ein lautes, scharfes »Pix« ertönen. Ganz plötzlich beginnt dann unter hastigen Flügelschlägen die Jagd – im hohen Tempo geht es über den Teich, von Schilfzone zu Schilfzone, sodass bei jeder Berührung der Wasseroberfläche die aufspritzenden Tropfen im Sonnenlicht funkeln. Ist die Verfolgungsjagd vorbei, schwimmen sie mit ihrem Partner unruhig vor den Schilfsäumen entlang, wobei sie immer wieder leicht mit dem Kopf nicken und schließlich im Schilf verschwinden. Irgendwo hier werden sie in der nächsten Zeit ihr Nest bauen.

Inzwischen ist die Zeit weit vorangeschritten, und ich mache mich auf den Heimweg. So ein Tag in der Natur vergeht oft wie im Flug, vor allem wenn er geprägt ist von einzigartigen Erlebnissen. Überall sehe ich in den Lichtspots der nun schon sehr tief stehenden Sonne kleine Gruppen von Mücken tanzen. Für mich immer wieder ein schönes Schauspiel, und gern verweile ich ein wenig, um den kleinen Elfen bei ihrem Auf und Ab zuzuschauen. Über den Teich erklingt wieder und wieder der Ruf der Rohrdommel und das Trompeten der Singschwäne. Im letzten Abendlicht landen zwei Kraniche in der Verlandungszone des Teiches, und auch sie vollführen hüpfend mit ausgebreiteten Flügeln und nach oben gestreckten Hälsen laut rufend ihren Paarungstanz. Auf dem Rückweg atme ich tief ein, und auch Tinka reckt ihre Nase in die kühle Luft. Es riecht nach Frühling!

Von nächtlichen Jägern und Laternenträgern

Es ist der 21. Juni: Sommersonnenwende. Heute haben wir den längsten Tag des Jahres, und ich sitze in der Abenddämmerung an einem kleinen Lagerfeuer vor meiner Hütte. Nicht mehr lange, dann wird die Linde vor dem Haus zu blühen beginnen und einen wunderbar süßlichen Duft verströmen. Den ganzen Tag über herrscht dann in ihrer Krone geschäftiges Treiben, wenn Tausende Insekten kommen, um ihren süßen Nektar zu sammeln. Auch am Abend und in der Nacht wird hier Hochbetrieb herrschen, da die Blüten zu dieser Zeit den meisten Nektar abgeben. Außerdem finden sich hier jedes Jahr viele Nachtfalter ein. Während ich den Baum betrachte, lausche ich aufmerksam in die Dämmerung und höre ihn endlich. Noch ist der schnurrende Gesang, der immer wieder an- und abschwillt, nur leise aus dem nahegelegenen Kiefernwald zu hören. Aber dann kann ich endlich den ersten Vogel gegen den dämmernden Abendhimmel um die Krone der Linde fliegen sehen: Die Nachtschwalben haben ihre Jagd eröffnet.

Im Flug lassen sie ab und an ihr »Krruit« hören, ein Kontaktruf, der nichts mit dem Gesang zu tun hat. Das sogenannte Flügelklatschen habe ich aber bisher nur im Brutrevier gehört. Im Volksmund werden sie auch Ziegenmelker genannt, da sie in der Dämmerung oft auf Weideflächen zu beobachten sind. Dabei fliegen sie hin und wieder sehr dicht an die Weidetiere heran, denn hier sind natürlich jede Menge Insekten zu finden. Früher vermutete man aber, dass sie sich an die Euter setzen und die Milch der Tiere trinken.

Für die Insektenjagd setzen sie ihren kurzen, aber besonders breiten, mit kleinen Borsten umstandenen Schnabel wie einen Kescher ein. Die dann beachtliche, im Verhältnis zum Körper sehr große Rachenöffnung ist dafür hervorragend geeignet. Abgesehen von der Jagd und dem Gesang führen die Vögel aber ein eher heimliches Leben. Nur wenige Menschen bekommen einen Ziegenmelker tatsächlich aus der Nähe zu sehen. Tagsüber sitzen sie regungslos auf Ästen, nicht selten dicht über dem Waldboden. Dabei können sie sich ganz auf das graubraune Gefieder verlassen, welches eine rindenartige Zeichnung aufweist. Die Tarnung ist perfekt, zumal sie häufig nicht einmal dann auffliegen, wenn man ihnen sehr nahe kommt. Nur zweimal hatte ich bisher das Glück, ein Ziegenmelkernest zu sehen. Wobei Nest in dem Fall auch falsch ist, denn die Vögel legen ihre zwei Eier einfach auf den Waldboden. Einen Brutplatz entdeckte ich beim Durchstreifen eines Kiefernstangenwaldes, der ja eigentlich kein Wald, sondern eine Plantage ist, da die Bäume hier sehr militant in Reih und Glied stehen. Solche Monokulturen sind meist sehr artenarm, aber einige Vogelgruppen brüten dennoch hier. Der Bestand war etwa 20 Jahre alt, sodass die Bäume im unteren Bereich schon kahl waren – was bei so dichten Pflanzungen normal ist. Angrenzend befand sich eine offene Heidelandschaft mit einem sandigen Waldweg, den wenige Birken säumten. Ein typischer Lebensraum für die Nachtschwalbe hier in der Lausitz. Ich war eigentlich auf der Suche nach einem Sperberhorst – auch sie brüten gern im Stangenbestand –, als das Nachtschwalbenweibchen vom Gelege aufflog. Fast wäre ich draufgetreten, so gut war sie auf dem Boden getarnt. Flach über den Boden strich sie vor mir ab, um sich kurz darauf auf einem Ast niederzulassen. Vor mir auf dem Waldboden lagen zwei helle, mit dunklen Flecken versehene Eier inmitten von Kiefernnadeln. Das Gelege befand sich nicht weit entfernt vom Waldweg, denn die Tiere bevorzugen das offene Gelände für ihre nächtliche Jagd.

Inzwischen ist mein Sonnwendfeuer fast heruntergebrannt, und ich lege noch etwas Holz nach. Gierig lecken die Flammen am trockenen Kiefernholz, und aus dem prasselnden Feuer steigen Funken auf. Der Ziegenmelker hat seinen schnurrenden Gesang unterbrochen. Ich liebe es, in der Nacht den verschiedenen Tierarten zu lauschen; viele von ihnen bekommt man nur selten zu Gesicht, weil sie im Schutz der Dunkelheit agieren. Andere Arten wiederum sind sowohl tag- als auch nachtaktiv. Hier in der Spreeaue, welche die Kiefernheide teilt, klingt die Nacht völlig anders als in der Teichlausitz. Im Herbst und in den kalten Januarnächten hört man das Rufen der Waldkäuze aus den alten Eichen am Ufer der Spree. Den Vögeln wurde einiges angedichtet, und so manchem treibt es noch heute einen Schauer über den Rücken. Vor allem in Kriminalfilmen, die inzwischen etwas in die Jahre gekommen sind, gehörte der Ruf in jede nächtliche, spannungsgeladene Szene. Später im Februar ist die Paarungszeit der Füchse, auch ihr Bellen ist in der Nacht weithin vernehmbar. Das ebenfalls an Hundegebell erinnernde Aufschrecken eines Rehbocks kann man mit etwas Übung jedoch gut vom Bellen des Fuchses unterscheiden. Fledermäuse hingegen sind für uns Menschen akustisch kaum wahrnehmbar, nur einige wenige Kontaktrufe können wir als leises Zwitschern hören. Sie fliegen und jagen nach Gehör und sind somit perfekt an die Dunkelheit angepasst. In Deutschland gibt es 25 Arten mit unterschiedlichen Lebensräumen. Hin und wieder habe ich im alten Forsthaus, das ich viele Jahre lang bewohnt habe, einzelne Langohren gefunden. Auch die Breitflügelfledermaus und den Großen Abendsegler konnte ich im Dorf beobachten. Bei abendlichen Ausflügen in die Teichlausitz werde ich hingegen sicher wieder die Wasserfledermäuse über die Teiche jagen sehen. So hat jede Art ihre eigenen Ansprüche an ihren Lebensraum.

Jetzt beginnt auch die Zeit der Glühwürmchen, immer wieder ein mystisches Erlebnis. Der Name passt eigentlich nicht so recht, denn es handelt sich um Leuchtkäfer, die zu den Weichkäfern gehören; ihre Familie umfasst weltweit 2000 Arten. Da die Weibchen bei uns flügellos sind, hat man sie im Volksmund kurzerhand zum Wurm gemacht. In Deutschland gibt es drei Arten, aber nur bei einer, dem Kleinen Leuchtkäfer, leuchten sowohl die Männchen als auch die Weibchen. Das Leuchten dient der Partnerfindung, die den kleinen Fackelträgern durch die zunehmende Lichtverschmutzung nicht gerade leicht gemacht wird. Nicht in jedem Jahr sind sie in großer Zahl zu sehen, aber wenn man an einer geeigneten Stelle ist, wird man vom Anblick der kleinen Wesen verzaubert. Mit meiner Tochter und einem Freund hatte ich mich eines Abends aufgemacht, um das Spektakel zu erleben. Die Zeit bis zum Einbruch der Dunkelheit verbrachten wir auf einem Beobachtungsturm. Während die Sonne am Horizont abtauchte, begann im Teich vor uns ein wunderbares Konzert der Wasserfrösche, dazwischen die Rufe der Unken und Laubfrösche. Das ganze Schauspiel, welches hier allabendlich stattfindet, wirkte wie eine einstudierte Inszenierung. Wobei es immer wieder neue Stars auf der Naturbühne gibt. So sind neben dem Froschchor schmetternde Drosselrohrsänger und der etwas leisere Teichrohrsänger als Solisten unterwegs. Im Mai habe ich noch vom kleinen Graben, der den Teich mit Wasser versorgt, die Nachtigall singen hören. Hier zwischen den Weiden in den Brennnesselstauden hatte sie ihr gut verstecktes Nest gebaut.

Nun wird es aber Zeit, vom Turm zu steigen, ein Uhu ruft inzwischen aus dem Wald hinter dem Teich. Es klingt für uns wie ein Aufruf, jetzt werden bald die kleinen Laternenträger ihren Auftritt haben. Und dann geht es auch schon los, überall sieht man in den Gräsern am Waldrand die kleinen gelbgrünen Lichter aufglimmen. Während die weiblichen Tiere an ihrem Standort verharren, heben die Männchen ab, um ihr Leuchtfeuer zu einer geeigneten Partnerin zu tragen. Staunend genießen wir dieses märchenhafte Ereignis. Dieses Naturschauspiel fasziniert jedes Kind, aber auch Erwachsene betrachten verzückt den Lichtertanz und träumen sich in ihre Kindheit zurück.

Nun ist es schon nach Mitternacht, mein Feuer ist heruntergebrannt, und die letzte Glut verglimmt in der Asche. Dicht neben mir raschelt etwas in der Hecke, und dann höre ich es schnaufen, ein Igel kommt mit schnellen Tippelschritten direkt auf mich zu. Tagsüber hat er sein Quartier unter meiner Blockhütte, aber nachts geht er hier zwischen den Hecken auf die Jagd. Insekten, Würmer und Schnecken, aber auch Reptilien, Frösche und pflanzliche Kost stehen auf seinem Speiseplan. Igel sind Allesfresser. Regelmäßig inspiziert er das Hühnerhaus, vor dem es öfter eine Leckerei gibt, und manchmal entdeckt er noch vor mir ein neues, gut verstecktes Hühnernest im Garten. Ich konnte schon Igel auf Brautschau beobachten. Den männlichen Tieren ist dann kein Weg zu lang, um eine Partnerin zu finden. Dann muss er sich aber noch stundenlang gedulden, bis das Glück vollkommen ist. Dabei umkreist er seine Auserwählte, die ihn immer wieder wegstößt. Das ganze Prozedere findet unter lautem Schnaufen statt und wird auch Igelkarussell genannt. Wenn sie sich dann endlich einverstanden erklärt, findet die eigentliche Paarung statt. Die Igeldame legt dazu glücklicherweise die bis zu 8000 Stacheln an. Nach dem Akt trennen sich die beiden wieder, Igel sind für die Ehe nicht gemacht. Das Weibchen wird also die Jungen allein aufziehen, das können im Extremfall auch schon mal zehn Stück sein. Trotzdem gehören sie in unseren Gärten längst nicht mehr zum vertrauten Bild. Was sollen sie auch an sterilen, oft nach geometrischen Vorgaben verstümmelten Gärten finden? Hier, wo es weder Nahrung noch Unterschlupf gibt und der nach Chlor stinkende Pool nicht zum Trinken einlädt, aber schnell zu einer tödlichen Falle wird. Wo der Rasenmäher darauf programmiert ist, selbst das kürzeste Gänseblümchen, noch bevor es die strahlend weißen Blütenblätter ausstrecken kann, zu köpfen. Wenn der kleine Stachelträger nicht auf der Hut ist, wird ihm der Roboter selbst schnell zum Verhängnis, so mancher Artgenosse musste schon im ungleichen Kampf seinen Skalp lassen. Da nützt es auch nichts, wenn in einer Ecke abseits eine Igelbehausung aus dem Baumarkt aufgestellt wird, allenfalls genügt es dem Gartenbesitzer als Gewissensbefriedigung.

Wieder lausche ich in die Dunkelheit, und aus der Ferne höre ich nun den Gesang der Heidelerche, ihr schwermütiges Lied kann man sowohl am Tag als auch in der Nacht hören. Sie ist ein typischer Vertreter der Heidelandschaft und gehört für mich unbedingt zu einer Frühsommernacht in der Lausitz. Heute ist Neumond, also eine sehr dunkle Nacht, in der man hervorragend den Sternenhimmel betrachten kann. Über mir erstreckt sich von Norden nach Südosten die Milchstraße, die hier in der nicht zu dicht besiedelten Lausitz gut zu sehen ist. So wie vor Kurzem noch die Funken aus meinem Feuer in den klaren Nachthimmel aufstiegen, leuchten jetzt von dort die Sterne. Ich entdecke den Schwan und den Adler und halte nach dem Polarstern Ausschau. Da, natürlich im Norden, im Kleinen Wagen finde ich ihn, und etwas weiter westlich entdecke ich auch den Großen Wagen. Was für ein überwältigender Anblick, die Unendlichkeit, oder doch nicht? Ob es irgendwo da oben noch einen ähnlichen Planeten gibt wie unsere Erde? Und wenn ja, gehen ihre Bewohner ebenso sorglos mit ihm um, wie wir Menschen es tun?

Diese Frage habe ich mir schon oft gestellt. Mich selbst macht das Betrachten des Sternenhimmels immer demütig, und manchmal fühle ich mich fast bedeutungslos, aber ich bin auch dankbar, dazugehören zu dürfen. Die Heidelerche holt mich zurück aus meinen Gedanken, es wird Zeit, ins Bett zu gehen. Bei geöffnetem Fenster wird mich der Nachtvogel in den Schlaf singen.

Wer hat Angst vorm bösen Wolf?

Ein kleiner Junge sitzt zwischen gleichaltrigen Kindergartenkindern in einer Filmvorführung. Er möchte in diesem Moment nicht auf die Leinwand in dem abgedunkelten Raum schauen, denn was er da sieht, macht ihm Angst. Ein grimmiges Wesen mit zottigem Fell und furchteinflößendem Gebiss reißt das Maul auf, um eine alte Frau mit Haut und Haaren zu verschlingen. Später wird dieser Wolf auch noch das Rotkäppchen fressen. Die Erzieherin neben mir lacht, ein Junge habe keine Angst, gibt sie mir zu verstehen. Doch auch der Ausgang des Märchens kann mich nicht umstimmen. War der Wolf denn wirklich so böse und hatte er dieses Ende durch den Jäger tatsächlich verdient? Ich jedenfalls hatte Angst.

Einen lebenden Wolf, wenn auch aus Nordamerika, sah ich das erste Mal als Schuljunge. Er hatte keine Ähnlichkeit mit dem Wesen aus dem Märchenfilm und lebte mit einigen Artgenossen in einem viel zu kleinen Gehege im Tierpark unserer Kreisstadt. Unruhig liefen die Tiere am Gitter auf und ab. Sie schienen abwesend, und wenn sie für einen Augenblick innehielten, meinte ich, in ihrem Blick einen Ausdruck von Traurigkeit zu erkennen. Im Museum nebenan sah ich dann einen ausgestopften Wolf, der wohl tatsächlich einmal hier gelebt hatte. Daneben ausgestellt war eine Postkarte, die von seinem Schicksal zeugte.

Endlich, 50 Jahre später, halte ich eine ebensolche Postkarte in der Hand und freue mich wie ein kleines Kind, das bei der Tombola den Hauptgewinn gezogen hat. Lange habe ich danach gesucht, und vielleicht ist es neben der im Museum die Einzige, die noch existiert. Versendet wurde die Karte 1907 von einem Mann, der wohl seine Angebetete beeindrucken wollte. Er berichtet ihr, in welcher verlassenen Gegend er lebe und dass es hier in der Lausitz noch wilde, gefährliche Tiere gebe. Auf der Karte ist ein erlegter Wolf abgebildet, der auf Fichtenzweige gebettet ist. Unter dem Foto befinden sich Angaben zur Größe des Tieres und wo er wann von welchem Schützen geschossen wurde. Das getötete Tier wurde bekannt als der »Tiger von Sabrodt«, eine einzelne Wölfin, die sich etwa vier Jahre lang in der Lausitz aufhielt und dann am 27. Februar 1904 bei einer polizeilich angeordneten Jagd erlegt wurde. Sie wurde sehr oft als die in Deutschland Letzte ihrer Art bezeichnet, eine Behauptung, die kaum glaubhaft ist. Man kann davon ausgehen, dass auch in den »wolfsfreien Jahren« einzelne Tiere immer wieder versucht haben, hier Fuß zu fassen, und schlichtweg übersehen wurden. Benannt wurde die Wölfin nach dem Dorf, bei dem sie das erste Mal gesichtet worden war. Nachdem man sich damals nicht vorstellen konnte, welches Tier in der Lage sein sollte, größere Haustiere zu reißen, wurde der Wolf zu einem Tiger, der vermutlich einem Zirkus entlaufen sei. Für mich hat die Postkarte eine ganz besondere Bedeutung. Die Wölfin wurde damals nicht weit von meinem jetzigen Wohnort erlegt, und der Förster, der sie aufspürte, lebte ausgerechnet in dem Forsthaus, in dem ich ebenfalls viele Jahre gewohnt habe. Tatsächlich haben sich hier fast hundert Jahre nach diesem Fall wieder die ersten Wölfe angesiedelt.

Immer wieder hörte ich Gerüchte von Jägern und Naturbeobachtern, dass sich in der Nähe der Grenze zu Polen Wölfe aufhielten. Mitte der Neunzigerjahre hatte ich bei einer Tageswanderung mit einem Freund selbst die erste Spur und eine Losung gefunden. Damals waren wir uns nicht sicher. Erfahrungen mit dem Spurenlesen hatte ich zu diesem Zeitpunkt noch nicht, und auch sonst war ich in Sachen Wolf eher unwissend. Mithilfe einiger Fotos, die wir von unserem Fund aufgenommen hatten, und notierter Größenangaben ließ sich der Wolfsverdacht im Nachhinein bestätigen. Zu diesem Zeitpunkt hätte ich nicht erwartet, jemals einen Wolf beobachten zu können. Im Innersten hoffte ich, wenigstens einmal sein Heulen zu hören. Meine Erwartungen sollten jedoch weit übertroffen werden. Inzwischen bin ich Wölfen in freier Natur bestimmt schon über hundert Mal begegnet, und das in unterschiedlichsten Situationen.

Alles begann an einem Novembertag, an dem mich meine Eltern besuchten. Schneefall hatte den herannahenden Winter schon früh angekündigt. Mein Vater wollte vor dem Abendessen noch einen kleinen Spaziergang mit den Hunden in den Wald unternehmen, so eine Winterlandschaft hat ja schließlich ihren besonderen Reiz. Als er nach nur einer halben Stunde wieder vor mir stand, staunte ich nicht schlecht über sein Erlebnis. Aufgeregt erzählte er mir, dass er einem Wolf begegnet sei, ich sollte unbedingt mitkommen und mir die Sache anschauen. Die Dämmerung würde bald einsetzen, und so mussten wir uns beeilen. Die Spuren im Schnee bestätigten seine Geschichte, wenn ich auch noch leise Zweifel hatte; schließlich hätte es sich ja auch um einen großen Hund handeln können. Mein Vater aber war sich sicher, schließlich hatte er jahrelang Schäferhunde gehalten und demnach mit Hunden viel Erfahrung. Also meldete ich die Beobachtung am nächsten Tag im Biosphärenreservat, dort wurden solche Hinweise aus der Bevölkerung registriert. Die ganze Angelegenheit bestärkte mich in meinem Vorhaben, in den Winterferien ein Wolfscamp für Kinder und Jugendliche zu organisieren. Gemeinsam mit einem Freund hatte ich den Entschluss im Herbst gefasst, allerdings fehlte uns dafür noch das nötige Fachwissen. Also brauchten wir unbedingt Referenten, die tatsächlich mit Wölfen zu tun hatten, was natürlich nicht so einfach war, da es zu dieser Zeit erst ein Wolfsrudel in Deutschland und somit auch nur wenige Leute mit entsprechender Erfahrung gab. Irgendwann endlich hatte ich die Telefonnummer einer Biologin herausgefunden, die sich mit Wölfen beschäftigte. Kurioserweise klingelte das Telefon in meiner Hand gerade in dem Augenblick, als ich dabei war, ihre Nummer einzugeben. Als ich das Gespräch annahm, meldete sie sich am anderen Ende der Leitung, und ich musste laut lachen. Was denn so lustig sei, fragte sie, und ich erklärte, dass ich sie auch gerade anrufen wollte. Bevor ich mein Anliegen vortragen konnte, musste ich ihr ausführlich über die Beobachtung meines Vaters und die Spuren im Schnee berichten. Sie sagte mir, dass sich dieser Hinweis gut in ihre Beobachtungen der letzten Zeit einfügte. Aus dem bekannten Rudel hätten sich inzwischen die Jährlinge – so nennt man die erwachsenen, aber noch jungen Wölfe – auf den Weg gemacht. Für sie war es jetzt an der Zeit, ein eigenes Revier zu finden. Als ich ihr von der Idee mit dem Wolfscamp erzählte, war sie sofort begeistert, schließlich sei es ein wertvoller Beitrag für die Öffentlichkeitsarbeit. Von Anfang an gab es nämlich nicht nur Begeisterung für die grauen Jäger, und schon bald hatte sich Widerstand formiert. Vor allem Tierhalter und Jäger hatten Bedenken und konnten sich ein gemeinsames Leben mit den Wölfen nicht vorstellen.

Immer häufiger war das Wolfsthema nun auch in den Medien. Anfangs waren die Berichte ausschließlich positiv, schließlich war mit dem Wolf ein Stück Natur in seiner Ursprünglichkeit zurückgekehrt. Mit der Zeit aber änderte sich das, und vor allem Printmedien, die dafür bekannt sind, in gut bebilderten Storys zu polarisieren, schossen sich immer mehr auf den Wolf ein. Angst wurde verbreitet, die Bevölkerung war zunehmend verunsichert. Als ein befreundeter Schäfer in einer Nacht 36 Schafe verlor, machte das die Situation nicht unbedingt besser. Die Tiere waren auf einer Koppel mit einem stromführenden Zaun gesichert, was zu diesem Zeitpunkt völlig ausreichend schien. Eine Rotte Wildschweine hatte in dieser Nacht ebenfalls die Absicht, auf der Wiese nach Nahrung zu suchen. So ein Netzzaun mit Strom ist für die Schwarzkittel kein ernstzunehmendes Hindernis und wurde somit einfach niedergetrampelt. Als dann später die Wölfe eintrafen – es waren vermutlich umherstreifende Jährlinge des Rudels –, ließen sie sich die Gelegenheit natürlich nicht entgehen.

Jagen und Töten will schließlich gelernt sein, und hier bot sich ihnen eine optimale Gelegenheit. Das Bild, das sich dem Schäfer am nächsten Morgen bot, war katastrophal. Überall lagen die Schafskadaver auf der Wiese verteilt – ein großer Verlust. Jeder hätte verstanden, wenn dieser Schäfer sich auf die Seite der Wolfsgegner gestellt hätte, aber weit gefehlt. Immer wieder machte er auch in den Medien deutlich, dass er als Tierhalter die Pflicht habe, seine Tiere zu schützen. Er sah sich selbst nie als Wolfsfreund, respektierte ihn aber und sprach den Wölfen niemals das Recht auf ein Leben in ihrer alten Heimat ab. Mit der Zeit optimierte er seine Schutzmaßnahmen und wurde so zum Vorbild für viele verantwortungsbewusste Tierhalter. Seine Präventivmaßnahmen bestanden anfangs darin, die Einfriedung der Tiere zu verbessern; so spannte er zum Beispiel zusätzliche Litzen über den Zaun, um ihn optisch zu erhöhen, doch das sogenannte »Flatterband« war nicht der einzige Schutz. Auch Herdenschutzhunde wurden angeschafft und später sogar gezüchtet. Obendrein bildete er eine, wie er sie nannte, »schnelle Eingreiftruppe« aus, die aus zwei Hunden bestand und kurzfristig an andere Schäfer verliehen werden konnte.

In der Zwischenzeit war es auch bei uns so weit: Unser erstes Wolfscamp konnte stattfinden; eine Woche lang wollten wir auf den Spuren der Wölfe in der Natur unterwegs sein. Es war uns gelungen, neben der Biologin und ihrer Kollegin noch weitere Referenten für das Camp zu gewinnen. Ein Professor vom Senckenberg-Museum in Görlitz untersuchte gemeinsam mit den Kindern gesammelte Kotproben zur Nahrungsanalyse. Außerdem besuchten uns der Kameramann und der Regisseur des Dokumentarfilms, der die ersten Aufnahmen eines freilebenden Wolfes in Deutschland zeigte; nach der Vorführung stellten sie sich den Fragen der Kinder. Zeitgleich brachte eine Zeitung wieder negative Schlagzeilen. »Die Lausitz zittert vor den Wölfen«, stand da in großen Buchstaben auf der Titelseite. Darunter befand sich ein Wolfsporträt, auf dem ein Tier mit aggressiver Mimik abgebildet war. Wir wollten es genauer wissen; nachdem Neustadt inmitten eines Wolfsreviers lag, hätte die Angst vor dem Wolf hier ja am größten sein müssen. Gemeinsam mit den Kindern wurde ein Fragebogen erstellt, mit dessen Hilfe alle Familien im Dorf nach ihrer Meinung zum Wolf befragt werden sollten. Und so zogen wir mit den Kindern von Haus zu Haus. Nur drei- oder viermal wurden wir abgewiesen, alle anderen gaben bereitwillig Auskunft. Das Ergebnis war dann ein anderes als das in der bunt bebilderten Gazette. Den meisten Leuten war das Thema völlig egal, und sie waren sicher, nie in Kontakt mit Wölfen zu kommen. Die zweitgrößte Gruppe bildeten die Befürworter, auch sie hatten keine Angst vor den Tieren und sahen die Rückkehr der Wölfe als positives Zeichen einer wieder gesundenden Natur. Die deutlich kleinste Gruppe hatte ernsthafte Bedenken oder gar Angst vor den neuen Nachbarn, allerdings waren dabei auch viele, die sich vor großen Hunden fürchteten. Immer wieder musste ich feststellen, dass der Wolf in den Medien zu negativen Zwecken instrumentalisiert wurde, selten gab es sachliche Berichte. Die Menschen, die in der Natur nur äußerst selten auf freilebende Wölfe trafen, bezogen ihre Informationen jedoch wiederum aus den Medien. So richtig klar wurde mir das vor allem durch ein Gespräch mit einem einheimischen Dorfbewohner. Ich war auf ein Bier in den »Hammer« gegangen, eine unserer Gaststätten im Dorf. Außer mir gab es nur einen weiteren Gast, er war schon seit Langem in Rente und viel in der Natur unterwegs. Er kannte die besten Pilzstellen und wusste, wo man im Fluss seine Reuse platziert. So jemanden nannte man hier einen Waldschrat, einer, der sich auskennt und dem man alles glaubt. Grüßend nickte ich ihm zu und bestellte mir ein Bier.

»Sag mal, mit den Wölfen, das wird ja immer schlimmer«, begann er ein Gespräch. Ich fragte, wie er das denn meine.

»Na, das werden doch immer mehr«, kam die Antwort.

»Und wie viele meinst du sind jetzt hier?«

»Na, zehn oder zwölf sind es inzwischen schon.«

Ich sagte ihm darauf, dass ich hier bisher nur Spuren von einer Wölfin gefunden hätte, und fragte ihn, wie viele er denn schon persönlich gesehen hätte.

»Keinen«, kam die Antwort prompt zurück.

»Wie kommst du dann zu diesem Schluss?«

»Na, das steht doch alles in der Zeitung.«

Als ich nochmals widersprach, brummelte er noch, dass ich ja ein Wolfsschützer sei und darum nicht ganz die Wahrheit sage. Etwa drei Jahre später begegneten wir uns wieder zufällig im »Hammer«, und auch diesmal begann er ein Gespräch.

»Sag mal, Wölfe gibt's hier keine mehr?«

»Hast du denn noch immer keinen gesehen?«

»Nein, und man liest ja auch nichts mehr von ihnen.«

»Aber inzwischen gibt es hier ein ganzes Rudel, es sind etwa zehn oder zwölf«, erwiderte ich.

Er zuckte mit den Schultern und stierte in sein Bierglas, unser Gespräch war damit beendet. Sicher hatte er Zweifel an meinen Ausführungen. Für mich war das ein wunderbares Beispiel dafür, wie sehr die Medien tatsächlich unsere Wahrnehmung beeinflussen und was daraus entstehen kann.

Aber ich möchte noch einmal zurückgehen in die Zeit, als die junge Wölfin versuchte, hier bei meinem Dorf heimisch zu werden. Noch war es nur ein Rudel, aber Sunny, so wurde die kleine Wölfin von den Biologinnen inzwischen genannt, wollte nun ihr Revier, angrenzend an das Territorium ihrer Eltern, beanspruchen. Sie war jetzt erwachsen und auf sich gestellt, davon zeugten überall die Markierungen auf den Waldwegen. Um aber ein eigenes Rudel zu gründen, musste noch ein geeigneter Rüde gefunden werden. Die Partnersuche war für sie nicht einfach, denn nur selten wanderten Wölfe aus dem polnischen Verbreitungsgebiet in die Lausitz. Im Februar war ihr sehnsüchtiges Lied weithin vernehmbar. Direkt am Ortsrand hatte sie sich positioniert und ließ ihr Heulen in der kalten Nacht erklingen.

Eines Abends fasste ich den Entschluss, den Wolfsgesang aufzunehmen. Mit Mikrofon und Rekorder begab ich mich in den Wald. Der Schnee war verharscht, und meine Schritte waren weit vernehmbar – keine Chance, mich vorsichtig anzuschleichen. Jeder Schritt wurde von einem lauten Knirschen begleitet. Das Tier musste mich lange bemerkt haben. Ich glaubte nicht mehr an Erfolg, als plötzlich nicht weit vor mir ihr Heulen erklang: »Ahuuuuuuuuuuuu …« Wie wunderschön, vor lauter Aufregung vergaß ich die Aufnahmetaste zu drücken, doch schon bald erklang ihr Lied ein weiteres Mal, und so bekam ich meine Aufnahme doch noch. Dann verstummte sie, und ich versuchte mich zu konzentrieren, aber nichts rührte sich. Ich war mir sicher, sie musste noch in der Nähe sein. In diesem Moment wurde mir bewusst, dass meine Sinne völlig verkümmert waren. Fast blind starrte ich in die Dunkelheit, kein Geruch, der in meine Nase drang, ich lauschte in die schwarze Stille, hörte aber nur mein eigenes Herz schlagen. Ein merkwürdiges Gefühl machte sich breit, ein Gefühl, ausgeliefert zu sein. Ist das also die Angst, die uns befällt, wenn wir eine Situation nicht mehr beherrschen? Ich wischte den Gedanken beiseite und konzentrierte mich wieder, da war doch eben ein leises Geräusch links neben mir zwischen den Kiefern. Jetzt hörte ich es wieder, leise setzte die Wölfin ihre Pfoten auf, meine Sinne funktionierten also doch noch. In einem Halbkreis hatte sie mich umlaufen, und nun erklang ihre Stimme aus der anderen Richtung. Aus der Ferne hörte ich das Hupen einer Kohlebahn, und im Dorf begann ein Hund zu bellen. Dazwischen wieder und wieder der Gesang der Wölfin, die deutlich weniger als hundert Meter von mir entfernt sein musste. Trotz dieser Nähe war die Situation nicht bedrohlich, und von dem Tier ging keinerlei Gefahr aus. Was für ein herrliches Erlebnis in dieser Nacht. Als bleibende Erinnerung hatte ich die ersten Tonaufnahmen eines freilebenden Wolfes in Deutschland auf meinem Rekorder festgehalten.

Irgendwann spielte ich die Aufnahmen begeistert meiner Mutter vor.

»Das klingt aber schaurig«, sagte sie.

Ich widersprach und versuchte, das Lied der Wölfin zu übersetzen, so wie ich es verstanden hatte:

»Einsame junge Frau sucht einen Partner, um gemeinsam hier in der Kiefernheide zu jagen und eine Familie zu gründen.«

Nacht für Nacht erklang nun das einsame Lied der Wölfin am Waldrand, aber ein Partner wollte sich nicht einstellen. Umso größer war dann für mich die Überraschung, als ich erfuhr, dass es einem Tierfilmer im Sommer gelungen war, Aufnahmen von Sunnys Nachwuchs zu machen. Schon bald sollte ich die Gelegenheit haben, mir die Filmaufnahmen anzusehen. Ich war gespannt, noch nie hatte ich Wolfswelpen gesehen, und jetzt sollten es Tiere sein, die unmittelbar in meiner Nachbarschaft lebten. Aber die Biologinnen hatten berechtigte Zweifel, denn nie wurden Spuren von einem Rüden im Revier gefunden. Die Kleinen waren recht unterschiedlich in ihrer Färbung, aber auch in der Größe, das hatten die Biologinnen schnell erkannt. Durch eine genetische Untersuchung bestätigte sich ihr Verdacht: Der Vater der Welpen war kein Wolf. Solche Paarungen zwischen Hunden und Wölfen gibt es in der Natur immer wieder, obwohl Wölfe normalerweise natürlich einen Partner der eigenen Art bevorzugen. Aber gerade in Randgebieten, die an menschliche Siedlungen grenzen, sind leider nicht immer genügend potenzielle Partner vorhanden, und so hatte Sunny sich wohl im Dorf umgeschaut. Was sollte nun geschehen? Gerade in einer Region, in der Wölfe noch selten sind, wäre es fatal für die Art, die Hybriden in der Natur zu belassen. Das Ganze war zusätzlich Wasser auf den Mühlen der Wolfsgegner, die immer wieder verlauten ließen, alle hier in Deutschland lebenden Tiere seien Hybriden. Diese Gegner scheuten sich anfangs nicht zu behaupten, die Tiere würden aus Hubschraubern in der Lausitz abgeworfen. Das klingt natürlich völlig irrwitzig, und wäre ich nicht selbst mit solchen Behauptungen konfrontiert gewesen, ich hätte nicht geglaubt, dass es Menschen gibt, die so etwas erzählen. Als diese lächerliche Theorie sich nicht mehr halten ließ, sprach man nur noch von Wolfsimporten per Auto über die polnische Grenze. Aber auch jetzt, nachdem der Wolf wieder seit zwei Jahrzehnten in Deutschland lebt, ist immer noch von Kofferraumwölfen die Rede, und auch das Gerücht, es handle sich bei den hier lebenden Tieren nur um Hybriden, hält sich bis heute hartnäckig. Damals wurde im zuständigen Ministerium der Entschluss gefasst, die Welpen im Winter zu fangen, um sie dauerhaft aus der Natur zu entnehmen. Aber wie fängt man in freier Natur Wölfe, ohne sie zu verletzen? Keiner in Deutschland hatte damit Erfahrung. Es war bald klar, dass es ein schwieriges Unterfangen werden würde. Schlussendlich entschied man sich für die Lappjagd, eine sehr alte, aber auch aufwendige Methode. Dazu müssen die Tiere an ihrem Schlafplatz aufgespürt werden, wo sie mit einer Leine, an der in kurzen Abständen farbige Lappen befestigt sind, eingezäunt werden. Da Wölfe sehr vorsichtige Tiere sind, die allen Veränderungen in ihrem Territorium mit Skepsis begegnen, kann so eine Lappjagd durchaus erfolgreich sein. Die Tiere versuchen, den sich in jedem Windhauch bewegenden Fähnchen auszuweichen, obwohl es für sie ein Leichtes wäre, einfach unter der Leine hindurchzulaufen. Natürlich muss das Gelände großzügig umfriedet werden, schließlich sollten Sunny und ihre Welpen von unseren Vorbereitungen nicht allzu viel mitbekommen. Inzwischen war es Winter geworden, und die Welpen waren zu einer stattlichen Größe herangewachsen. Den Herbst hatten die Biologen und das Fängerteam genutzt, um Netze und Hunderte Meter lange Leinen mit Fähnchen vorzubereiten. Immer wieder wurde für die Jagd geprobt, schließlich musste dann, wenn es losging, alles perfekt funktionieren. Dann endlich gab es Neuschnee, und wir begaben uns vom Auto aus auf Spurensuche. Nach einiger Zeit fanden wir auf einem Waldweg eine frische Spur von Sunny; ihre Welpen waren auch dabei. Nun musste alles sehr schnell gehen. Alle Helfer wurden informiert, und wir begannen die Lappleinen auszubringen. Dazu waren mehrere Teams jeweils zu zweit unterwegs. Einer hatte die Holztrommel, auf die die Lappleinen aufgewickelt waren, vor den Bauch geschnallt, während der Zweite die Leinen etwa in 80 Zentimeter Höhe an Bäumen oder Stäben befestigte. Das Ganze war eine schweißtreibende Angelegenheit, denn es war mühsam, im Schnee mit der schweren Trommel voranzukommen. Verbissen kämpften wir uns Schritt für Schritt weiter, nur noch etwa zweihundert Meter trennten uns vom entgegenkommenden Team. Doch dann plötzlich die Ernüchterung: Die Wölfe hatten etwas mitbekommen und waren ausgebrochen. Im Schnee konnten wir gut erkennen, dass sie entkommen waren. Frustriert begannen wir alles wieder abzubauen, bald würde es dunkel werden, und wir mussten noch alle Leinen bergen, um sie nach Hause zum Trocknen zu bringen. An solchen Tagen wollte man am liebsten resignieren und das Handtuch werfen. Würde es überhaupt jemals gelingen, die Tiere erfolgreich einzulappen und sie tatsächlich in das zwei Meter hohe und etwa 100 Meter lange Doppelnetz zu treiben? Ich kann mich nicht erinnern, wie viele Versuche wir unternahmen, bei denen die Tiere, kurz bevor wir den Kessel schlossen, doch noch ausbrachen. Fast konnte man den Eindruck gewinnen, die Wölfe machten sich einen Spaß daraus, den Menschen mit den bunten Wimpelketten ein Schnippchen zu schlagen. Einmal hatten wir sie sogar eingekesselt, aber an einer Stelle hatten sich die Fähnchen um die Leine gewickelt. Die Tiere nutzten das Schlupfloch und gingen uns so sprichwörtlich durch die Lappen.

Inzwischen waren die Tage des Winters gezählt. Noch einmal hatte es geschneit, doch das war vermutlich der letzte Schnee, denn es gab schon die ersten Anzeichen für den Vorfrühling. Für Schnee war das nun eigentlich ein denkbar schlechter Zeitpunkt, denn gemeinsam mit den beiden Biologinnen hatte ich ein Wolfswochenende für interessierte Naturfreunde aus ganz Deutschland geplant. Es war die erste Veranstaltung dieser Art, und weitere sollten folgen. Trotzdem versuchten wir an einem Freitagvormittag die Wölfe aufzuspüren. Nach den Misserfolgen der vergangenen Wochen machte ich mir wenig Hoffnung und demnach auch keine Sorgen bezüglich der geplanten Veranstaltung, die am Abend beginnen sollte. Aber ausgerechnet an diesem Tag hatten wir Erfolg. Wir hatten die Wölfe im Kessel, am nächsten Tag würde die eigentliche Jagd stattfinden. Es war schon dunkel, als ich mich auf den Weg zurück zum Dorf machte, vor etwa 15 Minuten hätte unsere Veranstaltung beginnen sollen, und die beiden Biologinnen waren mit den Vorbereitungen für die Jagd am nächsten Tag beschäftigt. Die Teilnehmer sollte ich hinhalten, denn vorerst sollten keine Informationen an die Öffentlichkeit dringen. Nicht auszudenken, wenn jetzt noch Pressevertreter auftauchen würden. Mit einem mulmigen Gefühl im Magen betrat ich die Dorfgaststätte. Die Teilnehmer bestürmten mich mit Fragen und verwiesen auf die Uhrzeit. Ich versuchte, die Leute zu beschwichtigen, und versicherte, dass der für den Abend angekündigte Fachvortrag auf jeden Fall stattfinden würde. Ständig versuchte ich währenddessen, meine Referentinnen zu erreichen, die jedoch noch immer im Wald waren. Dann endlich, mit zwei Stunden Verspätung, begann der Vortrag. Inzwischen hatten wir eine Genehmigung erwirkt, die Teilnehmer der Wolfsveranstaltung bei der Lappjagd als Treiber einzusetzen. Da diese auf gesperrtem Gelände stattfand, war eine solche Genehmigung nötig. Als wir den Vorschlag in den Raum warfen, schlug die negative Stimmung sofort in Begeisterung um; nun hatten sie vielleicht sogar Gelegenheit, einem Wolf zu begegnen.

Am nächsten Morgen hockte ich zusammengekauert an einer Sanddüne zwischen den Ästen einer abgebrochenen Kiefernkrone. Ich war einer der fünf Fänger, etwa 50 Meter vor mir stand das Netz, in das die Tiere getrieben werden sollten. Jeweils am Ende befand sich eine Biologin. Im Rücken der Fänger warteten etwa zehn Läufer auf den Beginn der Jagd, sie hatten die Aufgabe, die Tiere in unsere Richtung zu treiben. Die eigentliche Treiberkette bestand aus etwa 40 Personen, darunter auch unsere Veranstaltungsteilnehmer. Sie begannen, sich langsam mit dem Wind in Richtung Netz zu bewegen, um die Wölfe zu den Läufern zu leiten. Von oben betrachtet hatte die Lappenlinie etwa die Form einer liegenden Flasche, an deren Öffnung sich das Netz befand. Am Flaschenboden stand die Reihe der Treiber, an der Stelle, wo der Hals begann, die Läufer und die Fänger kurz vor der Öffnung. Die wenigen Stunden davor hatte ich schlecht geschlafen, und schon früh musste ich wieder in den Wald, um noch im Dunkeln das Netz mit aufzubauen. Jetzt mussten die letzten Aufgaben noch schnell erledigt werden, dann endlich nahmen alle ihre Positionen ein. Die Zeit schien stillzustehen, während ich reglos an der Düne hockte. Langsam kroch die Kälte in meine Glieder, und ich lauschte in die Stille. Ob die Treiber schon losgegangen waren? Gedanken kreisten in meinem Kopf. Während meiner vielen Wolfsvorträge hatte ich den Zuhörern oft erklärt, dass von den Tieren unter normalen Bedingungen keine Gefahr ausgehe. Wie aber war es hier, in so einer Situation? Mir fiel plötzlich eine Geschichte meines Urgroßvaters ein. Er hatte als Pferdeknecht auf einem Gut eine Ratte mit einer Mistforke in die Ecke der Futterkammer getrieben, woraufhin ihm das Tier ins Gesicht gesprungen war. »Wenn sich ein Tier in einer ausweglosen Situation befindet, wird es immer um sein Leben kämpfen«, versicherte er mir damals. Fester umklammere ich den Stiel der Eichenastgabel, mit der ich die Wölfin im Netz fixieren soll, bevor sie betäubt wird. Ich schüttele den Gedanken ab und konzentriere mich wieder. Da plötzlich höre ich die Rufe zweier Kolkraben über mir, und nun vernehme ich auch die Rufe der Läufer. Meine Muskeln sind angespannt, bereit, sofort aus dem Versteck zu springen. Dann überschlagen sich die Ereignisse, ein Schatten gleitet im Sprung seitlich über mich hinweg und setzt unmittelbar vor mir auf. Es ist die Wölfin. Mit einem lauten Schrei stürze ich aus meinem Versteck und sehe sie vor mir in der Deckung verschwinden. Schneebedeckte Kiefernzweige peitschen mir ins Gesicht, und ich stolpere mit Tunnelblick über umherliegende Äste in Richtung Netz. Da, jetzt kann ich es erkennen, gleich ist sie dort, wo wir sie haben wollen. Im letzten Moment jedoch schlägt sie einen Haken und kommt direkt auf mich zu. Schreiend renne ich mit der nach vorn ausgestreckten Astgabel in ihre Richtung, und erneut schlägt sie, nun nur noch vier Meter von mir entfernt, einen Haken und ist endlich im Netz, welches über ihr zusammenfällt. Auch die anderen Fänger sind zur Stelle. Sunny wird im nächsten Moment in Narkose versetzt. Keuchend schaue ich in die verschwitzten, glücklichen Gesichter um mich herum: Wir haben es endlich geschafft. Bei einem zweiten Versuch fangen wir dann auch noch einen ihrer Welpen. Die junge Wölfin wird mit einem Sendehalsband ausgestattet, welches wertvolle Informationen über ihre Aktivitäten an die Biologinnen liefert.

Oft bin ich später gefragt worden, ob ich in der Situation keine Angst gehabt hätte. Nein, ich hatte in diesem Moment einfach keine Zeit, darüber nachzudenken. Ich habe aber bemerkt, dass von dem Tier selbst unter diesen extremen Bedingungen, in dieser brisanten Lage, in der sich die Wölfin damals befand, keine Aggressivität ausging. Das war auch in ähnlichen Situationen der Fall, bei denen ich anwesend war. Oft habe ich inzwischen Diskussionen über die Gefährlichkeit von Wölfen erleben können. In den meisten Fällen werden diese von Wolfsbefürwortern und -gegnern geführt, »Experten«, die keinerlei Erfahrungen vorzuweisen haben.

Der Wolf ist ein *Predator*, ein Jäger, der in der Lage ist, andere Lebewesen zu töten, aber er wird es immer vorziehen, einer Situation aus dem Weg zu gehen, in der er selbst Schaden nehmen könnte. Er ist auf seine Gesundheit angewiesen, um überleben zu können. Der Wolf ist in keinem Fall ein Kuscheltier, aber eben auch keine blutrünstige Bestie. Und wie verhält man sich nun, wenn man in freier Natur einem Wolf begegnet? Nun, das kommt ganz darauf an, ich würde mich ruhig verhalten und den Augenblick genießen. Eine nicht beabsichtigte Begegnung auf kurze Distanz mit einem gesunden, in freier Natur aufgewachsenen, erwachsenen Wolf halte ich in Mitteleuropa für ausgeschlossen. Anders sieht es mit jungen, noch nicht erwachsenen Wölfen aus. In den meisten Fällen wird das Tier nach wenigen neugierigen Blicken den Rückzug antreten und eventuell aus größerer Distanz weiter beobachten. Eine ernsthafte Gefahr kann lediglich von konditionierten (zum Beispiel durch Fütterung) oder kranken Tieren ausgehen. In dem Fall wäre es aber auch egal, ob man einem Wolf oder einem Wildschwein gegenübersteht.

Bleibt noch die Frage, wie Tierhalter mit der Situation umgehen sollten. Zunächst einmal sollte klar sein, dass jeder Tierhalter verpflichtet ist, für das Wohl seiner Tiere zu sorgen. Das schließt ein, sie vor Gefahren zu beschützen. Sicher ist es ein größerer Aufwand, in einem Wolfsgebiet Schafe zu halten – das bestreitet niemand. Inzwischen gibt es aber viele gut erprobte Möglichkeiten zur Prävention, die auch durch finanzielle Fördermaßnahmen unterstützt werden. Ich kenne viele vorbildliche Tierhalter persönlich, die so gut wie keine Verluste haben. Aber auch unter den Tierhaltern gibt es »schwarze Schafe«.

Den bösen Wolf aber, den gibt es nicht – also muss sich auch niemand fürchten.

Der Wolf gehört zu den Caniden, den hundeartigen Tieren. Er ist verwandt mit Fuchs und Goldschakal. Alle unsere Haushunde stammen von ihm ab. Er war das erste Tier, das vom Menschen domestiziert wurde.

Wölfe sind sozial und leben im Rudel – ein Rudel ist ein Familienverband und besteht aus den Eltern und ihrem Nachwuchs. Das Familienoberhaupt ist das Elternpaar, es gibt keine Alphatiere.

Wölfe sind *Predatoren*, also Jäger. Ihr Beutespektrum umfasst vor allem Säugetiere verschiedener Größe (von Rothirsch bis zur Maus), aber auch Vögel werden nicht verschmäht. Der Mensch fällt hingegen nicht in sein Beuteschema. Zusätzlich – vor allem im Herbst – stehen Früchte wie Fallobst und Beeren auf seinem Speiseplan.

Wölfe bekommen einmal im Jahr nach einer Tragzeit von zwei Monaten Nachwuchs. Die Paarungszeit ist etwa Ende Februar; die Jungen werden im ersten

Lebensjahr Welpen genannt, sobald sie ein Jahr alt sind, werden sie als Jährlinge bezeichnet. Insgesamt bleiben sie circa zwei Jahre bei den Eltern.

Wölfe sind territorial, ein Rudel beansprucht ein etwa 200 bis 350 Quadratkilometer großes Revier mit ausreichend Nahrung und Versteckmöglichkeiten. Dieses Revier wird an auffälligen Stellen durch Kot und Urin markiert. Die Markierung erfolgt im gesamten Revier, nicht nur an den Grenzen. Fremde Wölfe werden innerhalb des markierten Gebietes nicht geduldet und von den Revierinhabern vertrieben oder sogar getötet.

Wölfe heulen nicht den Mond an, sie kommunizieren auf diese Weise aber häufig untereinander. Weitere Lautäußerungen können Knurren, Winseln und Bellen sein. Bei unmittelbarem Aufeinandertreffen spielen die Mimik und Körpersprache eine große Rolle. Auch durch Duftmarken werden Informationen übermittelt.

Wölfe sind nicht scheu, Wölfe sind vorsichtig. Hierbei spielen das Alter und die Erfahrung eine große Rolle. Je älter die Tiere sind, umso vorsichtiger agieren sie. Vor allem Jungtiere sind sehr neugierig, und so kommt es hin und wieder zu unfreiwilligen Begegnungen zwischen Menschen und Welpen oder Jährlingen.

Übung 2: Sommerausflug

Heute habe ich eine ganz besondere Verabredung, Mädchen und Jungen einer 3. Klasse werden mit mir eine kleine Entdeckungsreise in den Wald unternehmen. Unser Treffpunkt wurde von mir bewusst ausgewählt: Es handelt sich um einen artenreichen Mischwald, direkt am Rande der Kleinstadt, in der sich die Schule der Kinder befindet. Gerade im Sommer ist es wichtig, für solche Aktivitäten nach Möglichkeit einen Ort auszuwählen, der schattig ist, damit die Teilnehmer nicht über längere Zeit extremer Hitze ausgesetzt sind. Wir haben uns für 8.30 Uhr am Morgen verabredet, denn die Aktivität vieler Tiere lässt in den Sommermonaten zum Mittag hin deutlich nach. Die Gruppe, die mir entgegenkommt, besteht aus etwa 20 Kindern, der Lehrerin, einer Mutter und einem Vater. Die Eltern haben sich bereit erklärt, den Klassenausflug zu begleiten. Von Weitem, noch bevor ich die Gruppe überhaupt sehen kann, kann ich sie schon hören. Die Kinder sind natürlich aufgeregt und versprechen sich sehr viel von einem solchen Tag. Die Erwartungen sind teilweise erstaunlich hoch, je nachdem wie die Veranstaltung von den Pädagogen angekündigt wird. So ist es mir schon mehrfach passiert, dass Kinder hofften, einen Wolf bei der Wanderung beobachten zu können, nur weil die zuständige Lehrerin mich als Naturführer angekündigt hatte, der Wölfen schon oft begegnet sei. Ich halte es für sinnvoll, die Kinder im Vorfeld gut auf die Veranstaltung vorzubereiten und einzustimmen und natürlich auch ihre Neugier zu wecken. Falsche Versprechen jedoch führen schnell zu

Enttäuschungen, und dann bedarf es eines deutlich größeren Aufwandes, um sie wieder zu motivieren.

Bei der Begrüßung stelle ich mich immer kurz vor und frage die Kinder nach ihren Erwartungen, um diese je nach Möglichkeit mit einzubauen oder um zu erklären, warum manche Sachen nicht so ohne Weiteres umzusetzen sind. Auf jeden Fall ist es wichtig, den Inhalt der Veranstaltung so zu gestalten, dass ein ständiger Wechsel zwischen Aufgabenstellung und spielerischen Aktivitäten stattfindet. Um die aufgedrehten Kinder richtig einzustimmen, sie also wieder etwas »runterzubringen«, nutze ich gern ein Spiel, das ich in Anlehnung an die »Barfußraupe« von Joseph Cornell weiterentwickelt habe. Als einziges Hilfsmittel benötigen wir dazu Tücher, mit denen den Teilnehmern die Augen verbunden werden. Nachdem ich die Klasse in drei Gruppen geteilt habe, werden die Kinder hintereinander aufgestellt und legen die Hände auf die Schultern des jeweils vor ihnen stehenden Kindes. So entstehen drei Raupen, die jeweils aus sechs oder sieben Körpergliedern bestehen. Nun bekommt jede Raupe noch einen Kopf, diese Rolle übernehmen die Lehrerin beziehungsweise die Eltern – selbstverständlich ohne Augenbinde. Da der Körper nichts sehen kann, sollte nicht geredet werden, damit alle die Anweisungen des Kopfes verstehen. Wichtig ist außerdem, die einzelnen »Körperglieder« anzuhalten, immer schön dicht hinter ihrem Vordermann oder ihrer Vorderfrau zu bleiben; auf keinen Fall darf die Raupe »zerreißen«, sprich, sie dürfen einander nicht loslassen. Der Kopf sollte das bedenken, also schön langsam führen und kleine Hinweise zu eventuellen Hindernissen geben. Am besten starten die Raupen an einem Weg mit festem Untergrund, begeben sich dann aber bald ins Gelände. Der Kopf sollte die Körperglieder nach Möglichkeit immer wieder anweisen, sich vorsichtig mit den Füßen voranzutasten. So können sie richtig loslegen und sich zum Beispiel zwischen zwei eng beieinanderstehenden Bäumen durchschlängeln oder dicht an einer niedrigen Böschungskante entlanglaufen. Auch wenn es nur 50 Zentimeter abwärts geht, kommentiert der Kopf beispielsweise: »Vorsicht, der Graben neben euch ist zwei Meter tief, bleibt dicht beieinander, macht kleine Trippelschritte und tastet genau mit den Füßen, dann fallt ihr nicht hinein.« Ich gehe, wenn die Möglichkeit besteht, immer gern dicht an einem Bachlauf entlang. »Achtet auf das Geräusch des Wassers, damit ihr nicht hineinfallt«, kommentiere ich dann. Man könnte auch unter einem quer stehenden Ast durchlaufen oder einen kleinen Graben queren. Die Strecke sollte insgesamt aber nicht unendlich lang sein, und die ganze Wanderung sollte auch nicht viel länger als fünf bis acht Minuten dauern. Nachdem die Raupe zum Stillstand gekommen ist, bittet man die Kinder die Hände von den Schultern zu nehmen und erklärt ihnen, dass sie jetzt eine Ruhephase in ihrem Kokon, also jeder für sich allein, erleben werden. Die Tücher bleiben dabei weiterhin auf den Augen. Nun bringt man die einzelnen Kinder an verschiedene schöne Plätze in der Nähe. Sie sollen sich in der Ruhephase vorstellen, wie der Ort, an dem sie sich befinden, wohl aussehen mag und was sie als Erstes erblicken werden. Dazu kann man jemanden ins Laub unter einen Baum legen, dicht vor einen Stamm mit markanter Rinde oder vor einen blühenden Strauch setzen oder an einen Bach stellen; der Fantasie sind hier keine Grenzen gesetzt. Allerdings sollte man darauf achten, dass die Position bequem und angenehm für das Kind ist. Wenn alle verteilt sind, folgt eine gute Minute absoluter Stille, auch die Betreuer sind ruhig. Dann dürfen die Kinder auf ein Zeichen hin die Tücher abnehmen. Die Verwandlung ist vollzogen, aus der Raupe hat sich ein kleiner Schmetterling entwickelt, der jetzt neugierig die Umgebung untersucht.

Dieses Spiel ist eines meiner Lieblingsspiele; der Moment, wenn die Kinder die Tücher abnehmen, ist oft ein ganz besonderer. Nicht selten betrachtet ein Kind dabei, ohne ein Wort zu sagen, staunend und aufmerksam seine Umgebung. Nachdem sie sich umgeschaut haben, werden sie versuchen, den Weg, den sie als Raupe zurückgelegt haben, zu rekapitulieren. Dabei ist es wichtig, den Kindern etwas Zeit zu lassen, bevor es an die nächste Aufgabe geht.

Nachdem der Weg der Raupen von allen noch einmal genauestens untersucht worden ist, rufe ich die Kinder zu mir und bitte sie, sich in einem Kreis um mich herum aufzustellen. Es geht darum, den Wald um uns herum genauer zu untersuchen und auf Entdeckungstour zu gehen. Dazu bekommt jedes Kind eine eigene Aufgabe. Ich fordere sie auf, nacheinander zu mir zu kommen, und flüstere ihnen ihre Aufgabe zu. Jedes Kind soll etwas suchen, das hier in den Wald gehört; das kann eine Tierspur sein, etwas Spitzes, etwas, das Geräusche macht, etwas Feuchtes, etwas, das Wasser speichert, und so weiter. Nach der Aufgabenverteilung haben die Kinder genug Zeit zum Entdecken. Bevor sich alle aufmachen, erkläre ich jedoch noch, dass es nicht darauf ankomme, wer seine Aufgabe am schnellsten erledigt, vielmehr sei es wichtig, etwas besonders Interessantes oder sogar mehrere Dinge mit den angegebenen Eigenschaften zu finden. Natürlich entdecken die Kinder dabei auch Dinge, die ihnen interessant erscheinen, aber nicht Teil der eigentlichen Aufgabe sind. Das ist kein Problem, es geht bei dem Spiel vor allem darum, die Vielfalt des Waldes kennenzulernen. Nachdem alle kleinen Forscher zurückgekehrt sind, hat jedes Kind die Möglichkeit, die gesammelten Schätze vorzustellen und von den Entdeckungen zu berichten.

Auf unserer Tour haben wir noch viele spannende Dinge bestaunt und beobachtet, und am Ende wurden einige besonders schöne Stücke für das Klassenzimmer ausgewählt. Am folgenden Tag haben die Kinder aus Ästen einen Rahmen gefertigt, in dem aus Wolle ein Radnetz gespannt wurde, wie man es zum Beispiel von einer Kreuzspinne kennt. Alle kleinen Fundstücke wurden daran befestigt. Diese dekorative Installation wird die Kinder noch lange an den spannenden Tag im Wald erinnern. Natürlich ist es möglich, noch weitere Spiele und Aufgaben in so einen Tag zu integrieren, viele weitere Anregungen gibt es in den im Anhang empfohlenen Büchern von Joseph Cornell.

Die Schädlinge sind wir

Das folgende Erlebnis liegt inzwischen viele Jahre zurück, und die betreffende Person lebt lange schon nicht mehr. Ich bin gerade auf dem Rückweg von einer Waldwanderung und freue mich schon auf einen heißen Pott Kaffee, als ich das Dorf erreiche. Ein schmaler Weg verläuft hier entlang der Rückseite des ersten Grundstücks, und der Eigentümer nutzt den hinteren Teil als Hühnerhof. Die Tiere haben reichlich Auslauf und können sich so ständig selbst mit Grünfutter versorgen. Gerade hier sind sie aber auch einigen Gefahren ausgesetzt, denn dieser Bereich entzieht sich selbst bei ständiger Anwesenheit der Kontrolle durch den Tierhalter. An solchen Plätzen versuchen gefiederte oder vierbeinige Jäger des Öfteren ihr Glück.

Plötzlich stutze ich: Fast hätte ich die lange Stange übersehen, an der etwas, mit einem Strick befestigt, im Wind leicht hin und her pendelt. Der Blick durchs Fernglas bestätigt meine Vermutung: Hier wurde ein Habicht getötet und zur Abschreckung im Hühnerstall aufgehängt. Diese Methode kenne ich seit meiner Kindheit, sie wird leider bis heute in ländlichen Gebieten angewendet. Abgesehen von der Wirkungslosigkeit der Maßnahme machen sich die Verursacher strafbar und verstoßen damit gegen verschiedene Gesetze. Nicht nur dass die Tiere während des Fangvorganges, je nach Fangmethode, unerträglichen Schmerzen und extremem Stress ausgesetzt sind, sie werden nach dem Tod auch häufig würdelos präsentiert – wie auch in diesem Fall. Ich bin fassungslos und begebe mich wütend zum Tor, um den hier lebenden älteren Besitzer zur Rede zu stellen. Der jedoch ist sich keiner Schuld bewusst, im Gegenteil, er wolle nur seine Hühner schützen, erzählt er mir. Seit Wochen habe sich der Habicht an seinem Bestand bedient. Diese Verluste habe er nicht weiter hinnehmen wollen, und so habe er das Tier mit einem Fangkorb, in dem sich ein Köder befand, eingefangen und es anschließend getötet. »Das haben wir schon immer so gemacht«, sagt er schulterzuckend, »auch mit anderem Raubzeug.« Er wusste nicht, dass es strafbar ist, und er erklärt mir noch, dass er die Falle ja auch ganz legal erworben habe. Wenn so etwas verboten wäre, könnte man so eine Falle ja nicht kaufen.

Tatsächlich finden sich im Internet viele Angebote für solche Fallen. Das macht mich immer wieder sprachlos. Warum wird der Verkauf nicht per Gesetz verboten, wenn der Fang dieser Tiere nicht erlaubt ist? Aber der Besitz solcher Fallen ist nicht strafbar und auch nicht der Verkauf, solange der Verkäufer die Ware mit einem Warnhinweis versieht:

»Beachten Sie unbedingt die Regelungen und Vorschriften für die Fang- und Fallenjagd in Ihrem Bundesland gemäß dem Bundesjagdgesetz! Beachten Sie auch Tierschutzvorschriften und den Artenschutz!«

Damit hat der Verkäufer seine Pflicht getan und kann

alle Schuld von sich weisen. Aber wer kauft solche Fallen, wenn sie nicht benutzt werden dürfen? Zum einen Nutztierhalter in der ländlichen Region, aber auch Sporttaubenzüchter und Jäger. Immer wieder werden Fälle solcher illegaler Fanganlagen durch Tier- und Naturschützer den Behörden gemeldet. Es ist ein Kampf gegen Windmühlen, denn nur ein verschwindend geringer Teil dieser Straftaten wird wirklich bekannt und verfolgt. Außerdem kommen natürlich nicht nur solch kleine Fallen zum Einsatz; gerade für Raben- und Greifvögel werden auch größere Fanganlagen betrieben. Bauanleitungen hierfür finden sich ebenfalls im Netz. Sogar der illegale Fang von Singvögeln für die Käfighaltung findet auch bei uns in Deutschland noch immer statt, wie ich persönlich schon mehrfach feststellen musste. Die Einhaltung gesetzlicher Naturschutzvorschriften ist für Menschen noch immer nicht selbstverständlich. Hier existiert nicht selten ein klares Feindbild. Zum einen hat dieses seinen Ursprung in alten Traditionen: »Das hat schon mein Urgroßvater so gemacht.« Zum anderen gibt es große Defizite in der Umweltbildung an den Schulen. Leider ist der Schutz unserer Natur kein wesentliches Thema mehr in der Bildung unserer Kinder. Nicht dass das Thema nicht in den Lehrplänen stünde, es wird aber nicht in ausreichendem Maß umgesetzt, wie ich an den verschiedenen Schulen immer wieder feststellen muss. Natürlich gibt es Lehrer und Pädagogen, die auf dem Gebiet gern mehr machen würden, aber es fehlt tatsächlich sehr oft an der fachlichen Kompetenz. Auch die Vorbildwirkung von Eltern und anderen Erwachsenen ist hier nur mangelhaft, da sie selbst mittlerweile einer Generation angehören, die auf diesem Gebiet stark vernachlässigt wurde. Unser Bild von der Natur und was sie ausmacht, hat sich dadurch stark verändert. Erst kommt der Mensch, dann der Rest – das ist selbstverständlich geworden. Wir denken zum Beispiel über neue Energiekonzepte nach, um Schadstoffe in der Luft zu reduzieren, und sind auch bereit, dafür Opfer zu bringen. Das bedeutet aber nicht, dass wir darüber nachdenken, wie wir unseren Energiebedarf senken könnten, nein, wir opfern zum Beispiel Wälder, um Windkraftanlagen zu installieren. Da ist im schlimmsten Fall auch mal der Horst eines Rotmilans ein Hindernis – Pech für ihn. Wir kanalisieren Flüsse, bauen Straßen und Autobahnen, baggern riesige Löcher in die Erde und versiegeln Landschaften. Alles legitim und zu unserem Wohl, auch wenn wir dabei viele Opfer und Nachteile beklagen müssen.

Man könnte jetzt einwerfen, dass es nicht so einfach sei. Wir ergreifen schließlich auch Ausgleichsmaßnahmen. Häufig sind diese aber nur Augenwischerei und dienen der eigenen Gewissensberuhigung. Beispielsweise werden Ausgleichspflanzungen ohne Sinn und Verstand mit nicht heimischen Pflanzen vorgenommen oder Amphibienlaichgewässer an ungeeigneten Orten angelegt. In vielen Fällen geschieht das nicht einmal vorsätzlich, sondern einfach aus Unwissenheit. Sogar in meinem Dorf gab es dafür ein Beispiel: Entlang des Sportplatzes wuchs eine Reihe Pappeln, die inzwischen eine beachtliche Größe erreicht hatten. In diese Bäume hatte der Schwarzspecht einige Höhlen gezimmert, und sogar die Schellente brütete regelmäßig als Nachnutzer in einer davon. Natürlich produzierten die Bäume alljährlich eine ganze Menge Laub, was für den verantwortlichen Platzwart jeden Herbst eine Herausforderung war, und so war ihr Schicksal besiegelt: Sie wurden gefällt. Als Begründung wurde angeführt, dass die Bäume im Falle eines Sturms eine potenzielle Gefahr für die Fußballspieler darstellten, allerdings habe ich bei Sturm noch nie jemanden auf dem Platz gesehen. Als Ausgleichsmaßnahme wurden dann an genau der gleichen Stelle eine Reihe klein bleibender, in Kugelform wachsender Zierahornbäume gepflanzt. Diese Pflanzung ist auf keinen Fall eine ausgleichende Maßnahme – allenfalls dient sie uns als Rechtfertigung; Schwarzspecht und Schellente gehen dabei leer aus. Blinder Aktionismus ist das, mehr leider nicht.

Unser Handeln ist oft so egoistisch und ignorant, und teilweise geprägt von einer gehörigen Portion Naivität, als würden wir die Notwendigkeiten nicht erkennen. Wir verhalten uns wie Kinder, die bei einer herannahenden Gefahr einfach die Augen verschließen, als wäre sie somit gebannt. In Anbetracht all dieser Tatsachen fällt es mir schwer, dem Nachbarn das Töten des Habichts zum Vorwurf zu machen. Aber wie kann ich ihm verdeutlichen, dass sein Handeln nicht in Ordnung ist, wenn in Deutschland die Jagd von Füchsen, Mardern, Krähen und Kormoranen zulässig ist? Man begründet dieses Vorgehen schließlich auch mit der Behauptung, es handle sich dabei lediglich um Schädlinge. Wir haben aktuell ein Jagdgesetz, dessen Überarbeitung mehr als überfällig ist, in dem geschützte Arten wie der Seeadler, der Fischotter oder die Waldschnepfen als jagdbares Wild gelistet sind, auch wenn sie einer ganzjährigen Schonung unterliegen. Wie kann ich es diesem alten Mann, der seine Hühner in Freilandhaltung – also unter besten Bedingungen – hält, übelnehmen, dass er sie schützen will, wenn in unserer konventionellen Landwirtschaft in riesigen Monokulturen regelmäßig die Giftspritzen Insekten und Wildkräuter vernichten? Wenn Feldränder bis an die Wege gepflügt werden und Hecken und Raine verschwinden, um der Technik, die immer größer und größer wird, uneingeschränktes Arbeiten zu ermöglichen. Wenn es inzwischen normal ist, dass Vögel des Offenlandes wie die Lerche, der Kiebitz und das Rebhuhn vom Aussterben betroffen sind, weil wir zu unserem Wohl eine Landwirtschaft betreiben, auf deren toten, überdüngten und von schwerer Technik verdichteten Böden im Vorfrühling riesige giftige Pfützen aus Gülle stehen, die aus in mehreren Etagen aufgetürmten Massentierhaltungen abgepumpt wird. Und damit nicht genug: Wir importieren sogar noch Gülle aus den Niederlanden, wie ich neulich durch einen Fernsehbericht erfahren habe.

Auch unsere Wälder bleiben vor unseren Giften nicht verschont. Zum größten Teil wurden diese auch zu Monokulturen umgebildet, in denen Borkenkäfer und Nonne beste Bedingungen zur massenhaften Vermehrung vorfinden und dann mit Insektiziden bekämpft werden. Gifte und Überdüngung sorgen auch dafür, dass unser Grundwasser, unsere Fließgewässer und Seen belastet werden und die darin lebenden Arten darunter leiden müssen. All das passiert im vorgegebenen gesetzlichen Rahmen oder wird durch Zusatzzahlungen (beispielsweise durch zusätzliche Steuerzahlungen) legitimiert. Ist es in Anbetracht all dieser Dinge nicht wirklich blanker Hohn, wenn wir Lebewesen, deren Anwesenheit wir als unangenehm empfinden, dann Schädlinge nennen? Dieses schreckliche Wort für Arten, die eigentlich nur das tun, was die Natur für sie vorgesehen hat, haben wir schließlich aus unserer Perspektive gebildet. Arten, die wir so zusammenfassen, kommen uns häufig da in die Quere, wo wir uns ausbreiten, ihren Lebensraum vereinnahmen, ihnen gleichzeitig aber ungewollt optimale Bedingungen zur Ausbreitung bieten, siehe Borkenkäfer. Noch Anfang des letzten Jahrhunderts zählte zum Beispiel der Eisvogel zu den ernstzunehmenden Konkurrenten der Angler und Fischer. Aber auch Allerweltsvögel wie Haus- und Feldsperlinge gehörten dazu; schließlich vergriffen sie sich am Hühnerfutter. Stare, die sich an Kirschen, und Rabenvögel, die sich auf den Feldern bedienten, wurden getötet und so wie der Habicht zur Abschreckung aufgestellt. Ursprünglich ging es immer um Schäden, die uns Menschen entstanden sind, erst später gab es da Ausnahmen. So wurden alle Rabenvögel dafür verurteilt und verfolgt, dass sie hin und wieder Singvogelnester plündern und dadurch die betroffenen Arten stark beeinträchtigen würden. Ein Irrglaube, der sich bei manchen Ornithologen und Jägern bis heute hartnäckig hält. In den Anfängen der Vogelkunde wurden Vögel zur Bestimmung übrigens häufig geschossen – aus Mangel an geeigneten Ferngläsern; das war auch bei Ornithologen bis vor etwa 100 Jahren noch gängige Praxis. Einige Jäger sind auch in der heutigen Zeit noch fest davon überzeugt, dass Rabenvögel, Greifvögel und Füchse sowie alle kleineren Prädatoren für das Verschwinden des sogenannten »Niederwildes«, zu dem sie Arten wie Hase, Rebhuhn und Fasan zählen, verantwortlich sind. Mit dieser Betrachtungsweise verteidigen sie hartnäckig die Bejagung zumindest einiger dieser Arten und sehen sich selbst in einer wichtigen Rolle in Sachen Gleichgewicht in der Natur. Noch in der heutigen Zeit werden unter solchen Gesichtspunkten Giftköder ausgelegt, denen dann aasfressende Arten wie Rotmilane oder Mäusebussarde zum Opfer fallen. Aber auch in der allgemeinen Bevölkerung werden schnell Tiere ausgemacht, die uns vermeintlich Schaden zufügen. So wird durch hässliche flatternde Wimpelketten das Nisten von Mehlschwalben an Hauswänden verhindert, oder es werden sogenannte Vogelabweiser auf Mauervorsprüngen an Gebäuden angebracht, die das Brüten und den Aufenthalt verhindern sollen. Diese Methode, die sich vornehmlich gegen Stadttauben richtet, beeinträchtigt auch viele andere Arten wie Turmfalken und Dohlen. Der größte Teil der Bevölkerung aber reduziert das Wort Schädling inzwischen auf eine kleine Gruppe aus dem Tier- und Pflanzenreich. Dazu gehören zunächst viele Wildkräuter, aber auch eine Reihe von Insekten und Säugetieren, wie Ratten, Mäuse oder auch Schnecken. Viele dieser Arten haben die Eigenschaft, sich unter bestimmten Voraussetzungen sehr stark zu vermehren und dann unsere angelegten Pflanzenkulturen oder Nahrungsvorräte massiv zu beeinträchtigen. Aber auch andere Arten, die uns aus natürlichen Beweggründen peinigen, wie Mücken, Zecken oder Wanzen, bezeichnen wir gern als Schädlinge. Sie alle aber schaden der Natur keineswegs. Mittlerweile werden von einigen sogar wieder Arten dazu gezählt, die zwischenzeitlich sogar bedroht waren, deren Bestände sich aber nicht zuletzt durch Schutzmaßnahmen erholen konnten. Als Beispiel möchte ich hier den Wolf und den Fischotter anführen, beide Arten wurden mir gegenüber in Gesprächen mit Nutztierhaltern und Teichfischern ebenfalls als Schädlinge benannt. Natürlich sehen das nicht alle Tierhalter und Fischer so, und ich möchte keinesfalls pauschal behaupten, dass alle Angehörigen aus den Berufsgruppen der Land- und Forstwirtschaft oder der Fischerei diese extremen Standpunkte vertreten. Tatsächlich gibt es hier auch gute Beispiele dafür, dass es möglich ist, mit diesen Konkurrenten zu leben.

Es wird Zeit, die Perspektive zu wechseln, denn die eigentlichen Schädlinge sind wir. Allerdings wird allein diese Erkenntnis nicht genügen. Es muss ein Umdenken erfolgen. Erste positive Zeichen sind auch schon zu erkennen. Bisher kamen die Mahner immer aus den Reihen der Wissenschaftler, aber zunehmend erheben sich auch Stimmen in breiteren Teilen der Bevölkerung. Vor allem unsere Kinder haben erkannt, dass sich etwas ändern muss. Hier gilt es anzusetzen, Natur- und Umweltthemen müssen unbedingt einen wichtigen Platz in unserem Leben einnehmen. Das muss sich vor allem in der Bildung niederschlagen, nur so können wir die Voraussetzung für einen verantwortungsbewussten Umgang mit unserer Natur schaffen, der sich am Ende in einer nachhaltigen Lebensweise widerspiegelt.

Ein Nagetier beim Frühstück – wie wir Natur wahrnehmen und ihr begegnen

»Kommst du zum Frühstück?«, werde ich von meiner Freundin geweckt. Es ist noch dunkel draußen, und eigentlich würde ich lieber im Bett bleiben. Schlaftrunken setze ich mich auf, während sie mir scheinbar wieder einmal von einem ihrer fantastischen Träume berichtet. »Und dann hat mich John in die Wade gebissen, das hätte ich nicht gedacht«, höre ich sie sagen. Ich verstehe nur Bahnhof und möchte mich am liebsten wieder ins Bett fallen lassen. Durch halbgeschlossene Augen sehe ich, wie sie ihre Hose hochkrempelt und eine frische Wunde an ihrer Wade präsentiert. Sofort bin ich hellwach und frage, was denn passiert sei. Das Ganze sieht wirklich nicht gut aus, inmitten eines gut fünf Zentimeter großen Blutergusses sind deutlich zwei offene Wunden zu sehen. Ich starre meine Freundin an, und nun beginnt sie, noch einmal ausführlicher zu berichten. »Es war John«, erzählt sie mir …

Aber an dieser Stelle muss ich noch einmal einige Tage zurückgehen. Am späten Abend stehe ich manchmal mit meiner Tabakpfeife auf dem Platz vor meiner Hütte und betrachte den nächtlichen Sternenhimmel. So war es auch diesmal: Ich verlor mich gerade im Anblick des Orion, als ich aus dem Augenwinkel in der Grundstückseinfahrt einen Schatten erkannte. Tatsächlich schien er sich zu bewegen, und ich wurde neugierig. Für eine Katze schien er viel zu groß und auch zu langsam. Auch ein Fuchs kam nicht infrage, eher ein Waschbär. Aber ich hatte Zweifel, denn der Schwanz war deutlich zu dünn. »Vielleicht hat er Räude«, dachte ich noch, eine durch Milben verursachte Krankheit, unter der Füchse, aber auch Wölfe ab und an leiden. Dabei verlieren die erkrankten Tiere große Teile ihres Fells, und auch ein starker Juckreiz plagt sie dann. Aber dieses Tier kratzte sich nicht, auch bewegte es sich eher behäbig, und nun war ich richtig neugierig geworden. Schnell bat ich meine Freundin, eine Taschenlampe zu holen, denn ich wollte unseren nächtlichen Besucher nicht aus den Augen lassen. Inzwischen hatte sich das Tier zum Schleppdach, unter dem unsere Fahrzeuge abgestellt sind, begeben, und versuchte, sich unter dem Traktor den neugierigen Blicken zu entziehen. Meine Freundin hatte unserer Tochter inzwischen von dem geheimnisvollen Tier erzählt, und nun staunten wir zu dritt nicht schlecht, als der Lichtkegel den Carport erhellte. Da saß tatsächlich eine Nutria! »Wo kommt die denn her«, fragte ich mich. Schließlich leben die ursprünglich aus Südamerika stammenden Nagetiere immer in unmittelbarer Gewässernähe. Auf jeden Fall war sie über die Grundstückseinfahrt, also aus Richtung Dorf, zu uns gekommen. Und so wie es den Anschein hatte, war sie gerade auf dem Weg zum Fluss, als wir uns begegneten. Schon am nächsten Tag sollte das Geheimnis gelüftet werden, denn ich erfuhr von meiner

Nachbarin, dass sich der Nager jeden Abend auf ihrem Komposthaufen den Bauch vollschlug. Sie besitzt einen Bioladen, und die unverwertbaren Gemüseabfälle werden zu Hause kompostiert. Die Nutria war also scheinbar ein Feinschmecker und wusste, was gesund ist. Wie sie allerdings diese Nahrungsquelle entdeckt hatte, war mir schleierhaft. Immerhin liegt der Komposthaufen wenigstens 150 Meter vom Fluss entfernt. Inzwischen hatten die Nachbarn dem Tier sogar schon einen Namen gegeben: John. John hatte ein friedliches Wesen und wurde mit der Zeit sehr zutraulich. Das ist für die Art, die vegetarisch lebt, nicht ungewöhnlich. Sie sind zwar hauptsächlich dämmerungs- und nachtaktiv, können aber auch häufig am Tag beobachtet werden. Vor etwa 100 Jahren begann man in Deutschland, Nutrias in Farmen zu züchten, damals wurde ihr Pelz sehr geschätzt. Später, vor allem in der DDR, wurden sie auch wegen ihres schmackhaften Fleisches gezüchtet. Inzwischen ist die Zucht innerhalb der EU verboten. Sumpfbiber, wie sie auch genannt werden, sind übrigens mit den Meerschweinchen verwandt, werden aber mit bis zu 65 Zentimetern Körperlänge deutlich größer. Sie sind sehr gute Schwimmer und hervorragend an das Leben am Gewässer angepasst, das beweisen auch die Schwimmhäute zwischen ihren Zehen. In der Uferböschung errichten sie ihre Baue, in denen die Weibchen bis zu acht Junge gebären. Die kleinen Nutrias sind bei ihrer Geburt schon recht weit entwickelt und brauchen nur wenige Wochen, um selbst geschlechtsreif zu werden. Trotzdem ist die Population in Mitteleuropa nicht sprunghaft angewachsen, da das rauere Klima bisher immer ein Gegenspieler war. Wie sich das aber zukünftig entwickelt, bleibt abzuwarten; die Zeit der langen, kalten Winter scheint auch hier in der Lausitz erst einmal vorbei zu sein.

Aber zurück zu John – wie kam es dazu, dass er meine Freundin biss? Inzwischen hatte er auch unseren Komposthaufen für sich entdeckt, und wir konnten ihn hier mehrfach beobachten – häufig sogar auf kurze Distanz, und nie zeigte er dabei ein aggressives Verhalten. An diesem Morgen war meine Freundin aber im Dunkeln zu unserem Komposthaufen unterwegs, um die Holzasche aus dem Küchenofen zu entsorgen. Da sie den Weg gut kennt, verzichtete sie auf eine Taschenlampe. Dabei muss sie John versehentlich auf den Fuß getreten sein, der sich wohl gerade daranmachte, frische Kartoffelschalen zum Frühstück zu verspeisen. Der schmerzhafte Biss war eher ein Abwehrverhalten, wer lässt sich auch gern das Frühstück verderben! Irgendwie kann ich John verstehen.

Später, als meine Freundin zur Behandlung beim Arzt war, schaute dieser sie ungläubig an, als sie von ihrem Missgeschick erzählte. Er hatte noch nie von einem solchen Tier gehört, und auf dem Krankenschein stand dann auch: »Nytrija«. Meine Freundin erzählte mir, dass sich der Doktor hinter vorgehaltener Hand mit einem Kollegen über diesen Vorfall ausgetauscht habe, der ebenfalls unwissend mit den Schultern gezuckt habe.

Außer für Jäger, Angler, Ornithologen sowie andere professionelle Naturbeobachter und Wissenschaftler sind Begegnungen mit Tieren in freier Natur für die meisten von uns eher zufällig. Das liegt wohl daran, dass sich unser Verhältnis zur Natur mit der Zeit stark verändert hat. Am Anfang unserer Entwicklung gehörten wir eher zu den Gejagten, wurden mit der Zeit aber immer mehr zu gefürchteten Jägern. Wie respektvoll unser Umgang mit der Natur in den frühen Phasen unserer Entwicklung war, lässt sich heute nicht mehr nachvollziehen. Noch existierende Naturvölker, etwa im brasilianischen Regenwald, lassen aber vermuten, dass wir zumindest vor der Sesshaftwerdung in der Jungsteinzeit noch gut ins Ökosystem integriert waren. Wir waren sicher aufmerksamer, und uns war bewusst, dass wir ein Teil des Ganzen sind, ein Teil der Natur, die uns umgab. Mit der Zeit aber veränderte sich unser ökologischer Fußabdruck erheblich. Inzwischen haben wir uns selbst zur »Krönung der Schöpfung« ernannt und beanspruchen die Alleinherrschaft über alles, was sich in unserer Reichweite befindet. Dieses arrogante und ignorante Verhalten hat ganz allmählich unsere Wahrnehmung verändert. Wir haben eine Position eingenommen, aus deren Perspektive wir die Natur als etwas Fremdes sehen. In unseren Augen erscheint sie uns gefährlich, grausam, bedrohlich, feindselig, eklig, hässlich oder aber schön, niedlich und friedlich. Das gilt im Allgemeinen wie auch für das einzelne Lebewesen. Dazu kommt noch das Unterteilen in nützlich und schädlich. Wir haben Grenzen errichtet: Bis hierher und nicht weiter, heißt es da. Diese Grenzen haben wir über die Jahrtausende immer wieder neu gezogen, aber immer zu unserem Vorteil. Heute leben die meisten von uns in sterilen Häusern, die, wenn überhaupt, von penibel sauberen Gärten umgeben sind. Hier zieht der ordentliche Besitzer nach Feierabend seine Runden mit dem Rasenmäher, dem Laubbläser oder der

Giftspritze, um den feindlichen Invasoren die Grenze aufzuzeigen. Nach außen gibt man sich trotzdem gern naturverbunden, wie der Meisenkasten im Zierapfelbaum gut erkennen lässt. Inzwischen geht der Trend mehr und mehr zu sterilen Steinschüttungen, auf die allenfalls ein Betonbottich mit einer Zuckerhutfichte drapiert wird. Dies ist das Aus für Insekten, Kröten, Igel oder Singvögel. Hier kann kein Lebewesen mehr existieren. Durch vorsorglich unter dem Steinbett eingezogene Plastikfolien wird sogar verhindert, dass irgendein Pflänzchen Fuß fassen kann. Hier traut sich tatsächlich kein wildes Tier mehr hin, meint man. Und so staunt dann der Grundstücksbesitzer, wenn sich mitten auf dem weißen Steinfeld plötzlich Marderexkremente befinden. Dann wird es Zeit für eine massive Garage, nicht, dass der Marder noch die Kabel des Autos zerbeißt! Das Wettrüsten gegen die Natur findet kein Ende, und wir sind ständig auf der Suche nach neuen Lösungen. Wir sind dabei, unsere Umwelt so zu gestalten, dass sie für uns optimale Bedingungen bietet, und wundern uns später, dass manche Ereignisse, die noch in unserer Kindheit selbstverständlich waren, heute nicht mehr stattfinden. Aber das muss uns doch jetzt endlich zum Umdenken zwingen. Scheinbar erkennen viele von uns jedoch die Zusammenhänge nicht oder wollen sie nicht wahrhaben. Wir wundern uns nicht mehr, wenn wir im Januar, auf dem Weg in den Winterurlaub, grüne Felder betrachten. Staunen höchstens über eine Gruppe Rehe, die friedlich auf einem sanften Hügel inmitten der ausgeräumten Feldflur stehen. Wie wunderschön doch die Natur ist, denken wir im Vorbeifahren, wohlwissend, dass an den Hängen unseres anvisierten Zielortes mit Sicherheit eine Schneekanone für Spaß auf weißen Pisten sorgen wird.

Das ist doch nun wirklich übertrieben, könnte man jetzt sagen. Dennoch lebe ich hier im Einklang mit der Natur. Na, jedenfalls fast …

Es ist inzwischen Jahre her, als ich morgens gerade mein erfrischendes Bad in der Spree nehmen wollte und dabei mit der Anwesenheit eines neuen Mitbewohners in meinem Paradies konfrontiert wurde. Als ich meine Einstiegsstelle erreichte, war ich fassungslos. Meine Trauerweide, ein inzwischen etwa zehn Jahre alter Baum, den ich hier liebevoll gepflanzt hatte, war nur knapp einem Attentat entgangen. In etwa 40 Zentimetern Höhe war der Stamm bis zur Hälfte weggenagt. Der Tatort und die hier auffindbaren Spuren ließen mich schnell erkennen, dass der dafür verantwortliche Übeltäter ein Biber sein musste. Noch vor wenigen Jahren hatte ich gemeinsam mit einem Freund bei einer Winterwanderung etwa drei bis vier Kilometer vom Dorf entfernt die ersten Hinweise gefunden. Kein Zweifel, der Biber war zurück, hatten wir uns damals gefreut. Von nun an hatte ich regelmäßig Spuren seiner Anwesenheit gefunden und war beeindruckt gewesen, was für große Bäume er in der Lage war zu fällen.

»Aber hier, mitten in meinem Paradies, hier kann er doch nicht sein«, dachte ich, während ich meine geschundene Trauerweide betrachtete, deren Name nun tatsächlich eine neue Bedeutung bekam. Hier war kein Platz für uns beide, der Biber würde mein Paradies zerstören. Das waren damals tatsächlich meine ersten Gedanken. Ich musste mir etwas einfallen lassen. Meine Weide sicherte ich erst einmal vorsorglich mit einem Stück feinmaschigen Maschendrahtzaun, indem ich den Stamm auf etwa einem Meter Höhe damit umwickelte. Eine wirksame Hilfe, aber nicht sehr attraktiv, das konnte ich unmöglich mit allen Bäumen hier machen. Was also sollte ich tun?

Am Beispiel des Bibers ist gut zu sehen, wie meine anfängliche Begeisterung über die Rückkehr einer Tierart in ihre ursprünglichen Lebensräume schnell nachließ, sobald die ersten Probleme auftraten. Meistens hat das damit zu tun, dass wir diese Gebiete inzwischen selbst nutzen, zum Teil sehr intensiv. Wir Menschen erheben den alleinigen Anspruch darauf, das ist für uns selbstverständlich.

Biber sind Landschaftsgestalter und wahre Meister in ihrem Fach. Ein mit mir befreundeter Ökologe hat mir viel von den Bibern im Fluss vor seiner Haustür erzählt. So konnte ich erfahren, dass auch diese Tierart mit ihrem Tun einen erheblichen Einfluss auf ihren unmittelbaren Lebensraum hat und ihn stark verändern kann, sodass auch andere Arten davon profitieren. Was sie aber unbedingt zum Leben benötigen, ist Wasser. Es muss nicht immer ein großer Fluss sein, manchmal genügt ihnen schon ein kleines Fließgewässer. Biber legen in Uferböschungen gern Erdbaue als Behausung an, deren Eingänge sich unter der Wasseroberfläche befinden müssen. Das dient ihnen als Schutz, und solange der Wasserstand das gewährleistet, ist alles in Ordnung. Bei größeren Flüssen ist das meist kein Problem, aber kleine Wasserläufe sind oft gewaltigen Schwankungen unterlegen. In diesem Fall beginnen die Tiere einen Wall aus Ästen und Reisig zu errichten, der mit Pflanzen und Schlamm abgedichtet wird. Dieser Damm staut nun das Gewässer nicht nur auf die erforderliche Höhe an, die Tiere sind sogar imstande, das Wasserniveau nach ihren Bedürfnissen zu regulieren. Eine einerseits beeindruckende Leistung, die aber erhebliche Probleme mit sich bringen kann.

In den meisten Fällen wird das angestaute Gewässer über die Ufer treten und somit größere Bereiche der Landschaft überfluten. Das passiert dann nicht selten auf land- oder forstwirtschaftlich genutzten Flächen, deren weitere Nutzung folglich nicht möglich ist. Auch das Fällen von Park- oder Obstbäumen bietet Konfliktpotenzial und mobilisiert natürlich die Gegner. Wie mir ein Freund berichtete, gibt es durchaus Bibergegner unter den Anglern, die davon überzeugt sind, dass durch die angelegten Staudämme die Bewegung von Fischen in unterschiedlichen Gewässerbereichen unterbunden wird. Er berichtete aber auch darüber, dass diese Bedenken inzwischen entkräftet seien. Man habe mit markierten Fischen nachgewiesen, dass diese sehr wohl in der Lage sind, solche Barrieren zu überwinden.

Mittlerweile lebe ich schon einige Jahre mit dem Biber vor der Haustür, die anfängliche Sorge hat sich gelegt, und ich komme gut mit ihm klar. Biber fressen am liebsten Weichhölzer, und Weiden stehen mit ganz oben auf ihrer Speisekarte. Auch Pappeln gehören dazu, und nach meiner Erkenntnis mag er die Zitterpappel, auch Espe genannt, am liebsten. In einem Bereich des Grundstücks hat er bereits einige dieser schnell aus Wurzelausläufern nachwachsenden Bäume gefällt. Aber da der Bereich ziemlich abseits an der Grundstücksgrenze liegt, messe ich dem keine große Bedeutung bei, hier darf es gern wild zugehen. Meine Trauerweide hat weiterhin ihre Ummantelung, die ich von Zeit zu Zeit neu befestige, damit sie nicht einwächst. Außerdem hatte ich im Winter beim Kopfweidenverschneiden eine Idee. Kopfweiden sind Weiden, denen man einen Kronenschnitt verpasst, indem man alle Äste regelmäßig entfernt. Die Weiden können das gut verkraften und bilden im Frühjahr durch frische Triebe schnell eine neue Krone aus. Diese Technik haben wir Menschen uns übrigens vom Biber abgeschaut. Die neuen, frischen Triebe lassen sich sehr gut zu Körben und anderem Flechtwerk verarbeiten. Diese Bäume können sehr alt werden, denn sie brechen nicht so schnell auseinander. Außerdem bilden sie durch das ständige Verschneiden einen knorrigen, wulstigen Stammabschluss, in dem es sehr oft zur Höhlenbildung kommt. So entstehen nebenbei wertvolle Brutplätze und Verstecke für viele Tierarten. Die abgeschnittenen Teile staple ich in Ufernähe auf Reisighaufen, an denen sich der Biber regelmäßig bedient, sozusagen ein zusätzliches Büfett. Mein Biber darf also bleiben, und ich habe einiges dazugelernt. John, die Nutria, habe ich lange nicht mehr gesehen. Vielleicht ist er weitergezogen, um ein neues Gebiet zu erobern, so wie viele Neubürger aus dem Tier- und Pflanzenreich.

Auf in die Wildnis

Ich sitze mit Tinka an einem meiner Lieblingsplätze in der Lausitz und genieße die Oktobersonne, während ich die Landschaft betrachte. Dabei kommt mir ein Thema in den Sinn, auf das ich neulich in einem Buch gestoßen bin. Es ging um die Wildnis. In meiner Kindheit war sie immer etwas Geheimnisvolles. Und auch heute habe ich oft den Eindruck, dass viele Menschen das ebenso sehen: In der Wildnis erwarten wir das ganz besondere Naturerlebnis, hier lauern die Gefahren, hier begegnen wir der ungezähmten Natur, und hier geht es ums nackte Überleben. Meist haben wir beim Wort »Wildnis« Bilder von fernen Ländern vor unserem geistigen Auge. Eine unberührte Natur, die eventuell nie ein Mensch betreten hat und die also auch kein Zeugnis von unserem Tun ablegt. Ein Ort, weitab von Straßen und Schienen, Flugstunden entfernt von jeglicher Zivilisation, irgendwo in Alaska, Afrika oder Australien.

Als Kind hatte ich auch genau diese Vorstellung und war dann ziemlich verwundert, als ich bei einem Spaziergang eines Besseren belehrt wurde. Wir hatten Besuch aus der Stadt und waren auf der Suche nach einer Abkürzung zufällig an der Rückseite einer in die Jahre gekommenen Gärtnerei vorbeigekommen. Dieser etwas verwahrloste

Teil des Geländes wurde von den Betreibern offensichtlich kaum betreten, und die Natur war hier deutlich auf dem Vormarsch. »Eine richtige Wildnis ist das hier«, hörte ich meinen Onkel sagen. Ich war erstaunt: Hier in meinem Heimatdorf und nicht mehr als einen halben Kilometer von meinem Zuhause entfernt sollte sich ein Stück Wildnis befinden? Beim Betrachten des Grundstücks war das Chaos augenscheinlich, und so verband auch ich die Wildnis in meinem kindlichen Verständnis von nun an mit einer gewissen Unordnung. Erst später wurde mir nach und nach bewusst, dass diese menschliche Auffassung nur unserer oberflächlichen Wahrnehmung geschuldet ist und die Natur keine Unordnung kennt.

Da es sich bei dem Wort Wildnis nicht um einen naturwissenschaftlichen Begriff handelt, gehen die Vorstellungen der Menschen deutlich auseinander. Aus naturschutzfachlicher Betrachtung spielt in den meisten Fällen unter anderem die Größe der als Wildnis bezeichneten Fläche eine bedeutende Rolle, aber auch hier gibt es bei den verschiedenen Institutionen gewaltige Abweichungen. So wird im dicht besiedelten Europa deutlich kleineren Gebieten der Begriff Wildnis zugeordnet, als das auf anderen Kontinenten der Fall ist. Von Bedeutung ist aber unbedingt, dass das als Wildnis bezeichnete Gebiet von natürlichen Prozessen dominiert ist. Eine weitere Gemeinsamkeit der verschiedenen Definitionen ist die Bedingung, dass die hier stattfindenden natürlichen Prozesse frei von menschlichen Einflüssen sind und bleiben sollen. Das bedeutet aber im Umkehrschluss, dass wir als Menschen, die wir uns als zivilisiert bezeichnen, uns wieder aus der

Natur herausnehmen, sie wie etwas Fremdes von außen betrachten, nicht selten auch aus einer überheblichen Position heraus. Ich bin mir sicher, dass unsere Sichtweise, die wir mit der Zeit entwickelt haben, bei Angehörigen indigener Volksgruppen, wie sie zum Beispiel im brasilianischen Regenwald zu finden sind, auf Unverständnis stoßen würde – und das zu Recht.

Für mich persönlich ist Wildnis inzwischen viel mehr als eine abgeschiedene Region, in der dem Menschen der Zutritt verwehrt bleiben sollte. Meist muss ich nicht lange suchen, um sie zu entdecken. Überall finde ich immer wieder Beispiele dafür, dass die Natur sich nicht ihrer Wildheit berauben lässt. Wildnis ist ein Prozess, der beginnt, sobald wir auf einem Gebiet, und sei es noch so klein, unsere intensive Beanspruchung vernachlässigen. Wie schnell solche Prozesse in Gang kommen, sehen wir zum Beispiel an Grundstücken oder Gebäuden, die über einen längeren Zeitraum nicht genutzt werden. Versiegelte Flächen aus Beton oder Asphalt werden bald in schattigen und feuchten Bereichen durch Moose und Flechten besiedelt, einige Pflanzen wie der Löwenzahn sind sogar in der Lage, eine nicht zu starke Asphaltdecke zu durchstoßen. Dachrinnen an Gebäuden, die nicht mehr regelmäßig gereinigt werden, sammeln recht bald ausreichend Substrat, sodass dort vereinzelt die eine oder andere Birke gedeihen wird. Durch Öffnungen in Gebäuden wie eingeschlagene Fenster oder fehlende Dachsteine werden mit der Zeit mehr und mehr Tiere Unterschlupf finden. Anfangs sind es meist kleinere Arten wie Insekten, Kleinsäuger und Singvögel, aber größere werden folgen. Viele Tier- und Pflanzenarten sind also Opportunisten und werden schnell mit den anfänglich schwierigen Bedingungen klarkommen. Die Situation verändert sich aber mehr und mehr zu ihren Gunsten, was den Prozess der Inanspruchnahme beschleunigt. Nach wenigen Jahrzehnten wird das Grundstück nicht mehr wiederzuerkennen sein. Solche Grundstücke finden sich fast in jeder Stadt und sind zumeist nicht artenärmer als ein Bauernhof auf dem Land.

Nicht selten also beginnt die Wildnis kurz vor unserer Haustür, vielleicht als kleine Flechtengesellschaft auf einer Betonsäule. Manchmal liegt sie auch etwas abseits von ausgetretenen Wegen, und wir sollten uns dessen bewusst sein, dass wir, sobald wir dort ankommen, unseren Fußabdruck hinterlassen; also müssen wir uns vorsichtig bewegen. Wenn wir aber aufmerksam beobachten, können wir sehr viel lernen und auch Vorurteile abbauen.

Bevor ich hierher zog, hatte ich schon längere Zeit im Forstbetrieb gearbeitet und war in den Wäldern, die mein Dorf umgaben, im Einsatz gewesen. Manchmal, wenn ich an der Reviergrenze zu tun gehabt hatte, war ich auch in die unmittelbare Nähe des Tagebaus gekommen. Braunkohle war zu DDR-Zeiten ein wichtiger Rohstoff, und so wurden über die Jahre auch hier in der Lausitz die ergiebigen Lagerstätten abgebaut. Nichts und niemand konnte den Tagebau aufhalten, er fraß die Landschaft auf mit allem, was sich darin jeweils befand; ein »Schwarzes Loch«, nur dass es nicht im Weltall, sondern hier auf der Erde existierte: Dörfer, Wälder, Wiesen, Felder und Teichgebiete verschwanden darin, und wenn ein Fluss in die Quere kam, wurde er verlegt. Dazu wurde ein neues Bett gebaut und mit verschiedenen Materialien abgedichtet. Natürlich war das Fließgewässer so über größere Strecken nur noch ein Kanal, und dynamische Prozesse, wie sie an jedem natürlichen Flusslauf stattfinden, waren nicht mehr möglich. Auch die anderen Landschaftsbereiche, die dem Bagger zum Opfer gefallen waren, sollten nach und nach rekultiviert werden, nachdem der Tagebau weitergezogen war. Rekultivierung war das große Zauberwort, hier plante man neue Landschaften, die der Nutzung durch den Menschen so schnell wie möglich wieder zugeführt werden sollten. Meist handelte es sich dabei um größere Gebiete, die zur Beweidung, zu Acker- oder Waldflächen umgestaltet wurden. Das war natürlich nicht so einfach, denn die auf Abraumhalden verkippten tertiären Schichten mussten erst verdichtet und planiert werden, um sie dann mit einer Deckschicht zu versehen, die hier in der Lausitz auch nur aus kargen, nährstoffarmen Böden bestand. Damit sich schneller Humus bilden konnte, wurden viele Haldenflächen, außer mit anspruchslosen Kiefern, zusätzlich mit Pionierbaumarten und Sträuchern bepflanzt, die mehr oder weniger gut gediehen. Aber um die Wirtschaft in der DDR war es nicht sonderlich gut bestellt, und so blieben große Bereiche sich selbst überlassen. Zum Teil geschah das unmittelbar nach dem Abbau der Kohle, an manchen Stellen aber hatte man schon mit Rekultivierungsarbeiten begonnen, diese dann aber aus wirtschaftlichen oder sonstigen Gründen unterbrochen. Auf so eine Fläche stieß ich eher zufällig bei einer auf eigene Faust durchgeführten Exkursion zum Tagebau. Eigentlich hatte ich vor, dem aktiven Tagebau einen Besuch abzustatten. Ich wollte alles einmal aus einer anderen Perspektive sehen, sozusagen von der Grubenkante aus ins Schwarze Loch schauen. Einige Jahre zuvor hatte ich während meiner Lehrzeit schon einmal da unten gestanden, und noch viel weiter zurück hatte ich meinen Vater während seiner Nachtschicht zweimal auf seiner E-Lok begleiten können – zugegeben nicht ganz legal, aber dennoch ein unvergessliches Abenteuer. Nun war ich also bald wieder an einem solchen Tagebau, aber erst musste ich die aufgeschüttete Halde erklimmen. Diese Kippenfläche, die noch immer als Erhebung über die ehemals flache Landschaft ragt, besteht aus dem Abraum, der als Erstes abgetragen wurde, um an die Kohle zu gelangen. Als ich oben war, stand ich auf einem riesigen Plateau und kam aus dem Staunen nicht heraus. Ich hatte eine Kippenfläche mit rohen, unbewachsenen Böden erwartet und ein Gelände, das unmittelbar in den aktiven Tagebau übergeht. Stattdessen stand ich inmitten einer Steppenlandschaft, wie ich sie nie zuvor gesehen hatte: ein riesiges Grasland, in dem auf der ganzen Fläche kleine wassergefüllte Senken eingelassen waren; dazwischen immer wieder Bereiche mit Ginster und einzelnen wenigen Pionierbäumen, die sich selbst hier angesiedelt hatten. Vielleicht hatte der Wind oder ein Tier die Samen hergetragen, die Natur hat dafür ihre zuständigen Helfer. In allen kleinen Gewässern wimmelte es von Kaulquappen, Kreuz-, Wechsel- und Erdkröten. Überall stiegen vom Boden Feldlerchen auf, und auf den vereinzelten Kiefernspitzen, zwischen denen ich immer wieder Hasen aufschreckte, entdeckte ich Grauammern, Neuntöter und Steinschmätzer. Was für eine wunderbare Landschaft! Das ist Wildnis, hier hatte die Natur ihren Anspruch geltend gemacht und Besitz ergriffen. Wenn man es dabei belässt, wird die Steppe mit der Zeit verschwinden und sich in einen Wald verwandeln. In etwa zweihundert, spätestens dreihundert Jahren könnte an dieser Stelle ein natürlicher Wald stehen. Mit Eichen, Kiefern, Birken, Haselnüssen und all den anderen Baum- und Straucharten, die hierher gehören, mit all den Tieren, die diesen Wald ebenfalls ausmachen. Ja, Wildnis, und doch haben wir Menschen hier die Finger im Spiel gehabt.

Nach der letzten Eiszeit könnte es hier ähnlich ausgesehen haben, wenn auch in viel größeren Ausmaßen. Karge, offene Kies- und Sandflächen mit dazwischen liegenden Dünen, die von Rinnsalen, Flüssen und Seen durchzogen waren, wechselten sich ab mit riesigen Grassteppen, an deren Rändern die Verbuschung einsetzte. Große Herden mit Rentieren, Pferden und anderen Steppenbewohnern prägten das Bild. Sicher waren auch Vögel und Amphibien da, genauso wie Menschen; steinzeitliche Jäger, die auf den Dünen ihre Lager aufschlugen. Regelmäßig werden solche Lagerplätze bei Ausgrabungen im Vorfeld des Tagebaues gefunden. Mit der Zeit entwickelte sich aus dieser Steppe ein Wald, der undurchdringlich schien. Aber die Menschen, die zum Ende der Jungsteinzeit vor allem an den Flussläufen sesshaft wurden, brauchten Platz für Felder und Weiden. Sie brauchten Holz zum Bau von Behausungen, zum Heizen und zum Brennen ihrer Keramik; später zum Herstellen von Bronze und Eisen. So wurden die Wälder nach und nach gerodet. Die Menschen wurden immer rücksichtsloser und bedienten sich so lange an der Natur, bis sie sich ihre eigene Lebensgrundlage entzogen hatten.

Für etwa zweihundert Jahre war die Lausitz wieder siedlungsfreier Raum, und die Natur erholte sich. Nun waren es slawische Stämme, die sich im Zuge der Völkerwanderung nach und nach in der Region niederließen und ebenfalls Einfluss auf die Landschaft nahmen. Die so über die Jahrhunderte entstandene Kulturlandschaft ist in etwa bis heute erhalten geblieben, bis der Tagebau die Landschaft schluckte. Und nach dem Tagebau entwickelte sich hier wieder eine Steppe. Eigentlich könnte die Geschichte so enden, und alles wäre gut: Die Natur hat gesiegt, die Wildnis ist auf dem Vormarsch. Leider kam es anders. Nach der Wende im Jahr 1989 wurden nach und nach auch Mittel zur Rekultivierung von Bergbaufolgelandschaften zur Verfügung gestellt. So wurde die Steppe, die inzwischen mehr und mehr verbuschte, tatsächlich umgepflügt. Im Anschluss wurde die ganze Fläche mit einer Kiefernmonokultur bepflanzt, wieder hatten die Verantwortlichen eine Chance vertan. Aus meinen Beobachtungen habe ich inzwischen gelernt, dass die Anwesenheit von Menschen und ihr Tun nicht in jedem Fall das Entstehen von Wildnis verhindert. Unter Umständen können bestimmte Einflüsse auch die Grundlage für eine neue Wildnis sein. Solche Chancen ergeben sich immer wieder, allerdings braucht es dann unseren Mut zur Zurückhaltung und natürlich Geduld. Ein aktuelles Beispiel hierfür ist das Waldsterben auf dem Brocken. Auch hier handelt es sich genau genommen um eine Fichtenmonokultur, die natürlich anfällig ist, was im Zuge der Klimaerwärmung deutlich wird. Um den dortigen Problemen mit dem Borkenkäfer Herr zu werden, müssten wir nur zur Giftspritze greifen. Und genau das wäre der falsche Weg, wir sollten die Finger still halten, das tun, was uns am schwersten fällt, nämlich nichts. Die Natur wird sich selbst heilen, sie braucht uns in dem Fall nicht, wir können uns zurücklehnen und zuschauen. Dafür hat sie auch hier ihre Spezialisten; genau genommen ist der Borkenkäfer einer von ihnen. Gemeinsam mit anderen Insekten, Pilzen und Kleinstlebewesen wird er den Nährboden für den neuen Wald herstellen. Die Wildnis wird zurückkehren und alle Wunden heilen.

Plötzlich steht Tinka auf und streckt sich, sie wedelt mit dem Schwanz und stupst mich mit der Schnauze an. »Lass uns weitergehen«, will sie mir damit sagen. Ich hebe das Fernglas und schaue auf den ausgedehnten See vor mir. Weit oben kreist mit brettartigen Flügeln ein Adler, und in der Bucht rechts neben mir hält sich eine Gruppe Kraniche in der Flachwasserzone auf. Die Sonne steht jetzt schon etwas tiefer. Auf der spiegelnden Wasserfläche ist eben eine Gruppe Kormorane gelandet und beginnt sofort mit der Jagd auf die hier inzwischen häufigen Weißfische. Noch vor wenigen Jahren war das Wasser zu sauer, und Fische konnten hier nicht leben; inzwischen hat sich das geändert. Der See war in meiner Kindheit noch ein Tagebau, und in Gedanken sehe ich Vaters E-Lok auf seinem Grund fahren. »Inzwischen ist sie wieder zurück – die Wildnis«, denke ich, als ich auf die zerklüfteten Inseln in der Mitte des Sees schaue. Die Wildnis existiert nicht nur in den fernen Ländern, sie ist hier: mitten in der Lausitz, sie beginnt direkt vor meiner Haustür.

Schwester Frieda – eine Gänsegeschichte

Während meiner Zeit im Biosphärenreservat betreute ich auch eine feste Freizeitgruppe; wir trafen uns einmal wöchentlich in einer Naturschutzstation. Die Jungen und Mädchen erkundeten gemeinsam mit mir die Umgebung, und bei einem unserer Streifzüge, es war Anfang April, entdeckten die Kinder ein Gänseei an der Uferböschung eines Flüsschens. Graugänse hatten wir da immer wieder gesehen, aber für ein Nest war es kein geeigneter Standort. Die Gänse bevorzugen dafür meist großflächige, stehende Gewässer mit ausgedehnten Schilfbeständen. Hier bauen sie aus Pflanzenteilen eine flache Nestmulde, die mit einer dünnen Schicht aus Daunen ausgelegt wird. Ein Gelege besteht meist aus vier bis sechs Eiern und wird nur vom Weibchen bebrütet, während der Ganter das Brutgeschehen aus der Nähe überwacht. Das einzelne Ei, welches die Kinder fanden, lag einfach im kurzen Gras, und wir konnten uns nicht so recht erklären, wie es dahin gelangt war. Vielleicht hatte eine der Gänse ihr Nest verloren, und das Ei war schon voll ausgebildet, sodass es zu einer Notablage gekommen war. »Was machen wir jetzt damit?«, fragten die Kinder aufgeregt. Ich hatte keine Idee und machte den

Vorschlag, es einfach liegen zu lassen. Damit waren die Kinder natürlich nicht einverstanden. »Du musst es ausbrüten«, forderten sie von mir. Alle Versuche, ihnen das auszureden, fruchteten leider nicht. Ich betrachtete das Ei und untersuchte es nach etwaigen Beschädigungen, aber die weißliche Kalkschale schien völlig intakt zu sein. So beschloss ich, einen Versuch zu wagen, obwohl ich sicher war, dass er von vornherein zum Scheitern verurteilt war. Ich besorgte mir also einen kleinen Brutapparat und erfragte bei einem Geflügelzüchter die nötigen Informationen. Auf genügend Feuchtigkeit sollte ich achten, und das Ei musste regelmäßig gewendet werden. Natürlich musste auch die Temperatur stimmen, was durch einen speziellen Fühler im Brutkasten gewährleistet wurde. Nun wartete ich geduldig auf das Ergebnis. Jeden Tag wendete ich das Ei mehrmals und füllte bei Bedarf Wasser in eine Schale, die sich in der Brutkiste befand. Alles war perfekt, und nach 28 Tagen sollte ich endlich wissen, woran ich war. Drei Tage vor dem Schlupf aber musste ich für zwei Tage mein Ei verlassen, da ich als Referent für eine Veranstaltung gebucht war. Natürlich war ich besorgt, aber ich hatte in dieser Zeit keine Möglichkeit, mich um »mein« Gelege zu kümmern. Als ich wieder zu Hause war, nahm ich das Ei vorsichtig in die Hand. Zwei Tage lang war es nicht gewendet worden, aber Temperatur und Feuchtigkeit waren in Ordnung. Vorsichtig hielt ich es an mein Ohr, und plötzlich meinte ich aus dem Inneren etwas zu hören. In diesem Moment spürte ich, wie mein Herz vor Erregung schneller schlug. Sollte es tatsächlich wahr werden und sich Nachwuchs einstellen? Irgendwie konnte ich es noch immer nicht glauben, aber ich ertappte mich dabei, wie ich mit dem Ei zu sprechen begann. »Alles wird gut, mein Kleines, du schaffst das«, hörte ich mich sagen. Glücklicherweise war damals niemand in der Nähe, als ich tatsächlich anfing, »Muttergefühle« zu entwickeln. Am nächsten Tag war es dann so weit, das Gänseküken hatte die Eischale durchbrochen und sah zunächst eher nass und struppig aus. Am Schnabel war der Eizahn gut zu erkennen, mit dem es sich durch die harte Schale durchgearbeitet hatte, und seine Füße, die mich an Taucherflossen denken ließen, waren gefühlt einige Nummern zu groß. Ich nahm es vorsichtig auf und hielt es schützend in beiden zu einer Höhlung geformten Händen. Es war ein Weibchen: »Willkommen, Frieda!«, sprach ich es leise an. Ja, Frieda sollte sie heißen, schließlich hatten wir das Ei in der Nähe von Friedersdorf gefunden. Schon bald war es zu einem flauschig weichen gelbgrauen Daunenbällchen getrocknet. Was für ein zartes Wesen! Und sobald ich Frieda ansprach, bekam ich ein »Wee, wee, wee« als Antwort. Genauso wie ich sie betrachtete, schien sie mich intensiv zu studieren. Damals wusste ich noch nichts über die Zeit nach dem Schlupf, und so dachte ich noch nicht über das Thema Prägung nach und was es für Folgen haben sollte. Zunächst einmal musste ein Nachtquartier für Frieda her, denn inzwischen war es Abend geworden. Im Normalfall kuscheln sich die Jungen in das Gefieder der Mutter, die die Kinderschar mit ihren Flügeln abdeckt und sie so vor Auskühlung und Nässe schützt. Ich nahm in Ermangelung eines Gefieders einen Schuhkarton, den ich mit kuscheligen Stoffresten aus Fleece auspolsterte. Optimistisch setzte ich Frieda hinein und legte vorsichtig einige der Stoffstücke um sie herum, damit sie es warm und gemütlich hatte; auf den Deckel verzichtete ich. Den Karton mit dem Gänsekind stellte ich neben mein Bett, um sofort zur Stelle zu sein, falls es Probleme geben sollte. Kaum aber war das Licht aus, hörte man in der Kiste ein Rappeln, und Frieda begann, laut nach der Mama zu rufen: »Wee, wee, wee!« An Schlaf war nicht zu denken, und so musste ich mein Bett verlassen. Die kleine Nervensäge gab erst Ruhe, als ich sie wieder in den Händen hielt. Was sollte ich nun tun? Ich war müde, und da es an diesem Abend doch recht kühl war, zog ich mir eine Jacke über. Mit meinem Neuzuwachs in den Händen ließ ich mich resigniert auf einen Sessel fallen und verfiel sofort in einen Sekundenschlaf: »Wee, wee, wee«, meldete sich Frieda, ich zuckte zusammen und war wieder wach. Vielleicht war es ihr zu kalt geworden, überlegte ich und steckte sie einfach unter die Jacke, wo sie es sich auf meiner Brust gemütlich machte; nun wurde es endlich ruhig. Das heißt, ganz ruhig wurde es nie, immer mal wieder ließ sie ihren Kontaktruf hören, wenn auch leise und eher wispernd. »Ja, Frieda, alles ist gut, ich bin ja da«, antwortete ich dann immer wieder aus meinem Dämmerzustand heraus, denn einen erholsamen Schlaf konnte ich auf meinem Sessel nicht finden. Das Ganze wiederholte sich natürlich auch in den folgenden Nächten, und so wusste ich den Tag zu schätzen, an dem ich den Liegesessel endlich wieder gegen mein Bett tauschen konnte. Frieda schaffte es von nun an tatsächlich, in ihrem Schuhkarton neben mir zu übernachten. Tagsüber taten sich aber nun völlig andere Probleme auf, schließlich standen auf meiner alltäglichen To-do-

Liste auch noch ganz normale Dinge wie arbeiten und einkaufen. Es war aber nicht möglich, sich auch nur für eine kurze Zeit von Frieda zu entfernen, ohne dass sie ihr laut klagendes Geschrei nach der Mutter vernehmen ließ. Auch Autofahrten waren nur möglich, wenn sie sich dicht an mich kuscheln konnte. So fand sich dann eine Lösung in Form eines einfachen Baumwollbeutels mit langen Trageschlaufen, den ich mir um den Hals legte, nachdem ich Frieda hineinverfrachtet hatte. Nun wurde ich also auch noch zum Beuteltier. Mein Küken aber schien sich so tatsächlich geborgen zu fühlen und gab nur hin und wieder einen leisen Kontaktruf von sich. »Alles gut, Frieda«, war meine Antwort. Dann war die Welt für sie zumindest so lange in Ordnung, bis sie wieder Hunger verspürte. Also musste ich diese Ruhephasen effektiv für meine Besorgungen nutzen, und schon bald klappte das wunderbar. Einmal, ich stand gerade vor dem Kühlregal in einem Supermarkt, ließ sie genau in dem Moment ihren Kontaktruf hören, als eine Frau unmittelbar neben mir stand. Verwundert starrte sie mich an und wich einen Schritt zurück. Die Situation wurde auch nicht besser, als ich ihr erklärte, dass das nicht ich gewesen sei, sondern meine Gans. Sie muss wohl gedacht haben, ich sei verrückt, und so öffnete ich meine Jacke und zeigte ihr vorsichtig das Küken im Beutel. »Sie Tierquäler!«, fauchte sie mich an. »Aber ich bin doch die Mutter …«, antwortete ich etwas hilflos. Es blieb mir nichts weiter übrig, als der Frau kurz zu erklären, wie ich zu meiner Mutterschaft gekommen war, den Tierquäler wollte ich nicht so stehen lassen. Später an der Kasse, als ich gerade beim Bezahlen war, meldete sich Frieda ebenfalls, und auch die Verkäuferin blickte mich fragend mit offenem Mund an. Ehe ich antworten konnte, klärte meine neue Bekanntschaft, die hinter mir gerade ihren Einkauf auf das Band packte, die Kassiererin auf. »Das ist nur seine Gans!«, rief sie geschäftig herüber. Die Verkäuferin blickte entgeistert von ihr zu mir. Lächelnd, mit einem Augenzwinkern, forderte mich »meine Bekannte« nun auf, der Verkäuferin endlich meinen Pflegling zu zeigen, was ich schließlich auch tat. Solche Situationen waren natürlich immer mit zeitaufwendigen Erklärungen verbunden, weshalb ich beim Einkaufen versuchte, anderen Menschen möglichst aus dem Weg zu gehen. Mit der Zeit wurde Frieda zu einem regionalen Medienstar, denn verschiedene Tageszeitungen veröffentlichten Artikel über uns. Ein Kamerateam vom Mitteldeutschen Rundfunk erstellte sogar einen kleinen Filmbeitrag. Frieda wuchs zusehends und hatte einen gesunden Appetit entwickelt. Natürlich hatte das auch, wie bei Gänsen üblich, einen starken Stoffwechsel zur Folge, und so war der Steinfußboden im alten Forsthaus mit einer Zeitungsschicht abgedeckt, die ständig erneuert wurde. Um das in Grenzen zu halten, verbrachten Frieda und ich, wenn das Wetter es zuließ, die meiste Zeit im Freien. Im Garten zeigte ich ihr die ersten schmackhaften Kräuter, und auch ihr erster Schwimmausflug in einem kleinen Gartenteich fand hier statt. Da auch ich das feuchte Element sehr schätze und zu jeder Jahreszeit ein Bad in der Spree nehme, sollte einem gemeinsamen Badeausflug nichts im Wege stehen. Also fuhr ich mit Frieda in die Teichlausitz zu einem meiner Lieblingsplätze, wo wir dann das erste Mal gemeinsam in einem Teich schwammen. Für mich war es ein wunderbares Erlebnis, und Frieda schien außerordentlich glücklich darüber, dass ihre Mama nun endlich auch einmal mit im Wasser war, wie es sich für eine verantwortungsbewusste Gänsemutter gehört. In der freien Natur ist natürlich immer die komplette Familie unterwegs. Im Wasser führt zumeist die Mutter die Gruppe an, gefolgt von den in einer Reihe schwimmenden Jungen; der Ganter, also der Vater, bildet den Abschluss. Auch an Land bleibt die Familie immer beisammen, und wenn man Gänsen zu nahe kommt, eilen die Eltern mit weit vorgestrecktem Hals und lautem Zischen dem vermeintlichen Störenfried entgegen. Diese Erfahrung hatte ich als Kind mit Hausgänsen, die ja von Graugänsen abstammen, des Öfteren machen müssen.

Inzwischen war mein Gänseküken etwa zwei Wochen alt und deutlich gewachsen. Frieda erinnerte mich vom Aussehen mehr an einen kleinen, auf zwei Beinen laufenden Saurier als an einen Vogel. Der lange, schlanke Hals, die winzigen Flügel und der aufrechte Gang bestärkten dazu meine Fantasie. In dieser Zeit hatte ich häufig Termine an Schulen, um den Kindern das Thema Natur nahezubringen. Da Frieda mich aber stets begleiten musste, legte ich den Schwerpunkt der Veranstaltungen auf das Thema Vogelwelt; so konnte ich meine kleine Graugans einfach in den Unterricht integrieren, was von den Schülern natürlich mit Begeisterung aufgenommen wurde. Auch bei meinen Führungen in der Teichlausitz begleitete sie mich regelmäßig, und erstaunlicherweise konnte sie mit den Gästen ganz gut Schritt halten. Das ist allerdings nicht verwunderlich, denn in den Teichgebieten gibt es gerade im Frühjahr an jeder Ecke etwas zu entdecken. Bei einer dieser Exkursionen mit einer Ornithologengruppe kam es zu einem traurigen Zwischenfall. Frieda reiste inzwischen in meinem Auto immer im Fußraum vor der Rücksitzbank mit, aber an diesem Tag wollte sie das nicht akzeptieren und versuchte, sich irgendwie nach vorn zu drängeln. Dabei schnitt sie sich an einer scharfen Kante unter dem Sitz ihre recht dünne Bauchdecke auf. Ich war total verzweifelt und ließ die Gruppe draußen im Teichgebiet zurück, Frieda musste sofort zu einem Tierarzt. Hier konnte ich dann die Verletzung genauer in Augenschein nehmen. Der Tierarzt machte mir keine große Hoffnung, er meinte, die Wunde zu nähen sei in Anbetracht der sehr dünnen Bauchdecke unmöglich. Ich bettelte ihn an, es wenigstens zu versuchen, und erklärte ihm, wie wichtig mir die kleine Gans sei. Kopfschüttelnd machte er sich ans Werk, und ich assistierte ihm dabei. Frieda hielt erstaunlich still, und so schaffte er es mit wenigen Stichen, die Wunde halbwegs zu verschließen. Natürlich war die Gefahr nun lange noch nicht gebannt, denn zum einen befürchtete ich, dass Frieda selbst mit dem Schnabel die Wunde wieder öffnen könnte, zum anderen bestand auch die Gefahr einer Entzündung durch Verunreinigung. Sicherheitshalber gab es vom Tierarzt noch eine Spritze, die das Schlimmste verhindern sollte. Auf ein Honorar verzichtete er, nachdem er verstanden hatte, dass die kleine Gans für mich fast wie ein eigenes Kind war. Zum Glück steckte Frieda die Verletzung ohne Komplikationen weg; nach einer Woche schon war ihr nichts mehr anzumerken, und nach einer weiteren Woche war von der Wunde nichts mehr zu sehen.

Frieda entwickelte sich mit der Zeit zu einer wunderschönen Graugans. Inzwischen machte ich mit ihr regelmäßig Ausflüge auf der Spree, wo ich sie mit einem kleinen Boot begleitete. Sogar das Fluchttauchen konnte ich hier vom Boot aus beobachten, für Gänse eine Möglichkeit, sich vor angreifenden Seeadlern in Sicherheit zu bringen. Wie aber war das mit dem Fliegen? Ich war mir sicher, sie würde von sich aus damit beginnen, aber sie machte tatsächlich keinerlei Versuche. Warum auch, ich blieb ja schließlich ebenso am Boden. Also entschloss ich mich, etwas nachzuhelfen. Dazu begab ich mich mit Frieda auf den Sportplatz in unserer unmittelbaren Nachbarschaft. Am Ende des Spielfeldes nahmen wir Aufstellung, und ich begann, mit ausgebreiteten Armen loszulaufen und Frieda mit »Komm, komm«-Rufen zu locken. So wie ich mein Tempo beschleunigte, tat sie es mir gleich, und nach etwa 20 Metern hob sie im Gegensatz zu mir tatsächlich vom Boden ab. Zum Glück hat keiner meine Gänseflugschule beobachtet, es muss für einen Außenstehenden schon recht merkwürdig aussehen, wenn ein erwachsener Mann, mit den Armen in der Luft rudernd, über einen Sportplatz rennt. Frieda flog mit der Zeit immer besser, und am tollsten war es, wenn sie auf mein Rufen hin aus größerer Höhe herabschoss und mit ausgebreiteten Flügeln das Tempo drosselte. Dabei wechselte sie ruckartig im Absenken die Flugrichtung, um dann unmittelbar neben mir zu landen. Nie zuvor ist mir aufgefallen, wie gut Gänse tatsächlich fliegen und wie geschickt sie dabei auch Hindernissen ausweichen können. Nun unternahm sie auch regelmäßig allein kleine Ausflüge, kehrte aber immer nach etwa einer Stunde zu mir zurück. Einmal, sie war schon mehr als eine Stunde überfällig, zog ein Gewitter auf. Ich machte mir große Sorgen und entschloss mich schließlich, mit dem Boot auf der Spree nach ihr zu suchen. Die Gewitterfront war schon bedenklich nahe, als ich Frieda endlich in der Ferne entdeckte. Laut rief ich gegen den einsetzenden Wind ihren Namen, und endlich hörte sie mich. Sofort hob sie von der Wasseroberfläche ab, um direkt neben meinem Boot zu landen. Als wir zu Hause ankamen, war ich klatschnass, und das Gewitter toste über dem Dorf. Einige Wochen später, als es Herbst wurde, stand Frieda oft auf unserem Hof und betrachtete mit angewinkeltem Kopf die Gänseschwärme, die aus dem Norden zu uns kamen. Ich hoffte immer, sie würde sich eines Tages einfach einem solchen Schwarm anschließen, aber sie blieb drei Jahre lang bei uns. Eines Tages aber im zeitigen Vorfrühling kehrte sie nicht mehr von ihrem Ausflug zurück. Sollte sie tatsächlich einen Partner gefunden haben? Noch heute denke ich an sie, wenn ich in der Teichlausitz Graugänse beobachte, vielleicht hat sie ihr Leben tatsächlich in Freiheit verbracht. Frieda war für uns ein ganz besonderes Familienmitglied, weshalb eine meiner Töchter in der 11. Klasse auch ihre Jahresarbeit mit dem Titel »Meine Schwester Frieda« schrieb.

Übung 3: Herbststimmung

Die bunte Vielfalt dieser Jahreszeit, in der der Tisch der Natur reich gedeckt ist und die großen Vogelschwärme auf dem Weg in die Überwinterungsgebiete sind, wird gern auch für einen Ausflug in die Teichlausitz genutzt. Eine Familie aus der Landeshauptstadt hat bei mir eine Tour gebucht, und das Wetter ist vielversprechend. Zwar hat es in der letzten Woche doch reichlich Regen gegeben, aber seit gestern zeigt sich die Sonne wieder, und auch der Wind hat merklich nachgelassen. Gute Aussichten also auch für unsere Naturwanderung, denn bei nasskaltem, windigem Wetter ist es schwierig, die Besucher bei Laune zu halten, und viele Tierarten suchen dann geschützte Bereiche auf und sind nicht so einfach zu beobachten. Mit dem Pächter der Teichgruppe habe ich vor einigen Tagen telefoniert und erfahren, dass einer der Teiche genau am Tag unserer Tour abgefischt wird, und ein befreundeter Ornithologe gab mir auch noch einige wertvolle Informationen zu aktuell anwesenden Zugvogelarten. Es ist wichtig, sich gut auf die Veranstaltungen vorzubereiten, um die Teilnehmer nicht zu enttäuschen. Natürlich kann man sich einige Informationen inzwischen auch aus dem Internet holen, gerade für Ornithologen gibt es da mittlerweile gute Möglichkeiten, ich aber bevorzuge immer den persönlichen Kontakt zu den Menschen, die in den Gebieten aktiv sind. Meine Familie ist sehr motiviert, und wir beschließen den Tag bis zum Einbruch der Dämmerung zu nutzen, denn gerade ist auch die Zeit der Hirschbrunft. Zuerst aber schauen wir den Fischern bei der Arbeit zu, und tatsächlich nimmt sich der Teichpächter einen Moment Zeit, um selbst einige Fragen meiner Gäste zu beantworten. Dann schauen wir uns gemeinsam die Vögel in der Teichgruppe genauer an. Dafür habe ich natürlich extra mein Spektiv mitgebracht, denn nur wenn man die Vögel deutlich erkennen kann, ist es ein besonderes Erlebnis. Viele Limikolen, auch Wattvögel genannt, sind jetzt auf den nahrungsreichen Schlammflächen auf Futtersuche. Zu erkennen sind sie meist an den längeren Beinen und oft auch längeren Schnäbeln, die sich für die Nahrungssuche hervorragend einsetzen lassen. Rotschenkel, Bekassinen, Bruchwasserläufer, Dunkle Wasserläufer, Alpenstrandläufer, Kampfläufer, Flussregenpfeifer, Grünschenkel und Große Brachvögel können wir sehen. Fast keine dieser Arten brütet hier in der Lausitz, und so sind sie nur zur Zugzeit hier anzutreffen. Während sich die Erwachsenen nicht sattsehen können – inzwischen ist auch ein Seeadler im Teich gelandet –, kommt bei den Kindern etwas Langeweile auf. Sie sind es nicht gewohnt, so lange nur zu beobachten, und die Eltern, denen es offensichtlich etwas peinlich ist, entschuldigen sich bei mir. Ich aber gehe nicht darauf ein und schlage den Kindern stattdessen ein Spiel vor. Da mir das Desinteresse mit der Zeit aufgefallen war, habe ich inzwischen unbemerkt einige Naturgegenstände in unserer Umgebung gesammelt und sie unter einem ausgebreiteten Tuch deponiert. Nun rufe ich die Familie heran und erkläre ihnen, dass sich verschiedene Gegenstände unter dem Tuch befänden und ich dieses für einen kurzen Moment wegnehmen würde, sodass jeder die Gegenstände sehen könne. Genauso geschieht es – aber nur für wenige Sekunden, dann decke ich die

Dinge wieder ab. Nun soll jeder versuchen, diese Gegenstände im näheren Umfeld zu finden und möglichst alle komplett zu sammeln. Meist habe ich sieben verschiedene Dinge unter dem Tuch, ein bestimmtes Blatt, einen Stein, eine Feder, einen besonderen Zweig, eine Frucht (von der Erle oder eine Eichel zum Beispiel), ein leeres Schneckenhaus oder ein Rindenstück. Egal was man auswählt, es sollte nicht zu groß sein, es sollte auf jeden Fall im Umfeld zu finden sein, und man sollte auf keinen Fall sagen, wie viele Objekte unter dem Tuch liegen. Meist sind Kinder bei diesem Spiel deutlich besser als Erwachsene, und es ist eine schöne Auflockerung für zwischendurch. Auf der Suche nach den Gegenständen hat eines der Kinder einen Laubfrosch auf einem Blatt entdeckt, und das ist unter anderem der eigentliche Sinn der Sache: jemanden auf eine kleine Entdeckungstour zu schicken und die Beobachtungsgabe zu schulen. Auch heute machen wir an einer schönen Stelle ein Picknick und nehmen uns dafür Zeit. Über uns zieht gerade die keilförmige Formation einer Kranichgruppe, die sich schon lange vorher mit ihren unverkennbaren, lauten Rufen angekündigt hat. Die Kinder haben ihr Picknick schon vor einiger Zeit beendet und stromern nun unruhig um unseren Lagerplatz. Dann kommen die üblichen Fragen: »Wann gehen wir weiter?«, »Was machen wir dann?«; ich habe es kommen sehen und zeige ihnen ein Blatt einer Roteiche, welches tatsächlich eine tiefrote Farbe hat, und schon gibt es die nächste Aufgabe. Die Kinder sollen versuchen, eine möglichst umfangreiche Farbpalette an Blättern zu sammeln, was sie sofort zu tun beginnen. Später gesellt sich auch die Mutter dazu, während der Vater mir mit Bedauern eröffnet, dass er seinen Fotoapparat vergessen habe. Für mich die Anregung zum nächsten Spiel, und so schlage ich vor, dass wir auch ohne seine Kamera Bilder machen könnten. Ungläubig schaut Erich mich an, und auch die Kinder und die Mutter, die inzwischen mit einer bunten Farbpalette aus Herbstlaub zurückgekehrt sind, warten gespannt auf meine Erklärung. Da es sich um ein Partnerspiel handelt, bei dem jeweils einer die Rolle der Kamera übernimmt und der andere der Fotograf ist, werden zuerst schnell die Rollen zugeteilt. Dann erkläre ich, dass derjenige, welcher die Kamera spiele, vom Fotografen vorsichtig bei den Schultern an das zu fotografierende Objekt herangeführt werde. Die »Kamera« muss unterdessen die Augen geschlossen halten, und erst nachdem der Kopf vom Fotografen vorsichtig auf das Fotoobjekt ausgerichtet wurde, wird durch einen leichten Druck auf die Schulter (man kann auch ein wenig am Ohrläppchen ziehen) die Kamera ausgelöst. Das ist das Signal für die »Kamera«, die Augen zu öffnen und zu fokussieren. Ein weiterer Druck, der etwa fünf Sekunden später folgt, ist das Signal, die Augen wieder zu schließen. Das Bild ist nun im Kasten oder besser gesagt im Kopf abgespeichert. Jetzt sucht der Fotograf ein weiteres Motiv, und das Ganze beginnt von vorn. Ausrichten und auslösen, viel mehr als drei Motive sollten es jedoch nicht sein. Aber der Fotograf sollte sie mit Bedacht auswählen, eine Landschaft, eine Blüte oder ein buntes Blatt. Später wechseln der Fotograf und die Kamera natürlich die Rollen, damit jeder seine Bilder im Kopf hat, die man dann am Abend, wenn man im Bett liegt, noch einmal aus dem Archiv holen kann. Wir hatten jedenfalls einen erlebnisreichen Tag, der mit einem eindrucksvollen Erlebnis enden sollte. Vom anderen Ufer eines noch bis zur Hälfte mit Wasser gefüllten Teiches hörten wir das laute Röhren eines Hirsches, der dann tatsächlich auch für einige Minuten majestätisch aus dem Schilf heraustrat. Zur gleichen Zeit landete eine größere Gruppe Kraniche mit lauten Rufen im Teich, um hier zu übernachten, während das Abendrot die ganze Landschaft verzauberte.

Keine Angst vor Krabbeltieren

Ich stehe im Spreecamp und beobachte eine Frau, die auf meiner Streuobstwiese unterwegs ist. Sie ist seit einigen Tagen zu Gast und kommt aus Berlin. Hier in der Natur möchte sie abschalten und Entspannung finden. »Was tut sie da?«, frage ich mich, während sie langsam ein Bein hebt und intensiv unmittelbar vor sich in die Wiese späht, bevor sie es behutsam wieder aufsetzt. Ihre Bewegungen erinnern mich an einen Reiher, der in der Flachwasserzone eines Teiches versucht, sich an Beute heranzupirschen. »Vielleicht eine neue Art Yoga«, kommt es mir in den Sinn. Ich muss tatsächlich schmunzeln, das Bedürfnis, Natur zu konsumieren, lässt die Menschen kreativ werden. Vielen ist der einfache Naturspaziergang zu wenig, und so findet jeder, der möchte, seinen eigenen Zugang. Einige meditieren an einem Baum oder in einer Landschaft, andere gehen joggen oder fahren Rad, auch Waldbaden erfreut sich zunehmender Beliebtheit. Es sieht einfach zu merkwürdig aus, wie sie da durch die Wiese stakst. Dann wird es mir klar, sie muss etwas verloren haben, warum bin ich nicht gleich darauf gekommen? Als ich ihr für die Suche meine Hilfe anbiete, lehnt sie jedoch ab und fragt mich stattdessen, ob es hier Zecken gäbe. Ich kann mir ein Grinsen nicht verkneifen, das ist es also. »Natürlich«, rufe ich zu ihr hinüber, »hier ist die Welt noch in Ordnung! Es gibt nicht nur Zecken, sondern auch Spinnen, Käfer, Grillen, Asseln und was sonst noch so auf eine intakte Wiese gehört.« Sie erstarrt kurz in ihrer Bewegung, und ich begebe mich zu ihr. »Ich wollte Sie nicht verängstigen«, entschuldige ich mich. Sie erzählt mir daraufhin, dass sie in der Zeitung neulich einen Artikel über Zecken und andere gefährliche Wiesenbewohner gelesen habe. Dieser war ihr dummerweise bei ihrem Ausflug wieder in den Sinn gekommen. Alljährlich werden wir in den Tageszeitungen mit solchen angsteinflößenden Meldungen konfrontiert, vor allem in den einschlägigen Revolverblättern. »Zeckenalarm!«, heißt es dann, und auch vor dem Fuchsbandwurm sollten wir uns in Acht nehmen. Ich halte nichts von dieser Panikmache, die Eltern ihre Kinder von der Wiese klauben lässt. Das Risiko zu erkranken ist relativ gering, und mit entsprechender Kleidung oder diversen Insektenabwehrmitteln kann man ebenfalls entgegenwirken. »Aber da ist ja noch der Fuchsbandwurm«, werde ich von meiner Besucherin aus der Hauptstadt gewarnt. Und richtig, auch diesbezüglich gibt es in den Medien immer wieder Alarm und die Warnung, auf keinen Fall Waldfrüchte wie Brombeeren, Heidelbeeren oder Walderdbeeren zu essen. Auch hier versuche ich, sie zu beruhigen, indem ich ihr empfehle, Wildfrüchte vor dem Verzehr zu waschen. Wem das nicht genügt, dem sollte klar sein, dass der Fuchs auch durch ein kultiviertes Erdbeerfeld läuft; ich habe aber noch nirgendwo eine Warnung gesehen, die dazu aufruft, auf den Verzehr von angebauten Erdbeeren oder anderen Feldfrüchten zu verzichten.

Larve des Grünen Heupferdes beim Fressen auf Kanadischem Sonnenhut

Eichenmischwald in der Spreeaue

Wildschwein mit Frischlingen

Sperberweibchen auf ihrer Beobachtungswarte

Hirschkäfer auf Totholz

Waldohreule am Tagesruheplatz

Junger Rotfuchs

Heidelandschaft mit blühender Besenheide

Zauneidechsenmännchen im Paarungskleid

Wolfswelpe

Brütender Ziegenmelker

Braunkehlchen auf Wilder Möhre

Bienenfresser

Offenland mit Steppencharakter / Bergbaufolgelandschaft

Wiedehopf mit Beute

Weibliche Gottesanbeterin

Wechselkröte

Feldhase

Nebelkrähe

Urbane Landschaft / Industriebrache

Rotfüchse sind typische Bewohner von Grasland und Wäldern.

Rotkehlchen leben gern in Siedlungsnähe.

Erdkröte

Wolf in Tagebaufolgelandschaft

Tatsächlich ist es oft so, dass gerade kleine Lebewesen unsere Ängste schüren. Vielleicht liegt es daran, dass sie von uns schnell übersehen werden und nicht so einfach zu greifen sind. Das fängt bei der Spinne am Morgen an, die ja bekanntlich Kummer und Sorgen bereitet. Wobei sich die Probleme bei einem Aufeinandertreffen zwischen Mensch und Spinne meist für die Spinne ergeben. So eine Phobie ist natürlich auch nicht ohne, ich selbst leide unter Höhenangst, aber was die Spinnen angeht, ist für mich vor allem die Lautstärke, die bei einer überraschenden Begegnung entsteht, das eigentliche Problem. Damit will ich nicht auf Geräusche anspielen, die durch die Tiere verursacht werden könnten, vielmehr meine ich den panischen Schrei meiner Freundin, wenn sich mal wieder eine Winkelspinne in die Dusche verirrt hat. Wie oft bin ich schon zusammengezuckt, weil ich in solchen Momenten hochkonzentriert vor dem Rechner gesessen habe. Nicht auszudenken, was passieren könnte, wenn man in einer solchen Situation zum Beispiel auf der obersten Sprosse einer Leiter mit einer kniffligen Aufgabe beschäftigt ist. Also kann man sagen, indirekt geht von allen Spinnen ein gewisses Gefahrenpotenzial aus.

Auch anderen kleinen Lebewesen aus der Welt der wirbellosen Tiere wird so einiges angedichtet. Ich habe schon öfter Menschen erlebt, die sich vor Libellen wegduckten oder gar nach ihnen schlugen, aus Angst, von ihnen gestochen zu werden. Wenn ich ihnen dann mitteilte, dass sie nicht einmal einen Stachel besäßen, schauten sie mich erstaunt an. Solche vermeintlichen Weisheiten werden von Generation zu Generation weitergetragen. Da gibt es zum Beispiel die Ohrenkneifer, die ihren Namen in die Tat umsetzen würden, oder die Behauptung, dass drei Stiche einer Hornisse garantiert tödlich seien. Das trifft natürlich nicht zu, die Ängste vor den genannten Tieren sind also völlig unbegründet. Auch Nachtfalter, oft unter der Bezeichnung Motten zusammengefasst, bereiten einigen Menschen Unbehagen. Das allerdings finde ich wirklich erstaunlich, da sich meiner Beobachtung nach so gut wie niemand vor Tagfaltern fürchtet. Im Gegenteil, diese Schmetterlinge werden eher mit positiven Dingen in Verbindung gebracht. Am Aussehen kann es kaum liegen, denn viele Nachtfalter stehen den Tagfaltern in dieser Hinsicht in nichts nach.

Oft genügt es, wenn wir uns die Mühe machen und diese kleinen Lebewesen etwas genauer betrachten. Faszinierende Farben und Formen begegnen uns da, und einige machen es uns tatsächlich leicht, indem sie mit ihren Warnfarben signalisieren, dass wir besser auf Abstand gehen sollten. Dazu gehören unter anderem die Faltenwespen, deren bekannteste Vertreter die Gemeine Wespe und die Deutsche Wespe sind. Bekannt sind sie uns von der Kaffeetafel im Freien, wo sie uns den Kuchengenuss im Spätsommer schon allein durch ihre Anwesenheit verderben können. Meist macht sich an der Kaffeetafel schnell Panik breit, und man beginnt in der Luft mit den Armen zu fuchteln, was allerdings nicht unbedingt zur Verbesserung der Situation beiträgt. Im Grunde wissen die meisten von uns nicht so richtig viel über die ungebetenen Gäste, dabei gibt es einige bemerkenswerte Dinge, die man wissen sollte.

Beide genannten Arten sind staatenbildende Insekten,

deren Völker nur für eine Saison, etwa von April bis Ende Oktober, existieren. Die Völker können zu Hochzeiten – also im Sommer – aus mehreren Tausend Tieren bestehen, wenn die Bedingungen günstig sind. Übrigens sind Kuchen und Grillfleisch natürlich nicht die ursprüngliche Nahrung dieser Tiere, sie sind Insektenjäger, und so lange diese in ausreichender Menge vorhanden sind, werden sie im Sommer darauf zugreifen, vor allem um ihre Larven damit zu versorgen. Aber wenn sich eine ergiebige Quelle süßer Leckereien auftut, wird diese gern genutzt. Die Brut und die Königin befinden sich im Wespennest, einem Gebilde aus einem Wabenstock, der durch eine Außenwand geschützt ist. Diese kunstvollen Gebilde bestehen aus einem papierähnlichen Material, das aus abgeraspelten kleinen Holzfasern entsteht, die mit Speichel vermischt werden. Diese Nester werden an den verschiedensten Orten angelegt, das können Plätze in unserer unmittelbaren Nachbarschaft sein, wie zum Beispiel Rollladenkästen, abgedeckte Bretterstapel oder auch ein wenig genutzter Schuppen, Abstellraum oder Dachboden. Alles, was sie benötigen, ist ein störungsarmer, nach Möglichkeit abgedunkelter, geschützter Ort. Natürliche Quartiere befinden sich auch in verlassenen Erdbauen von Tieren wie in Mäusenestern oder Kaninchenbauen. Solange wir die Wespen dort nicht behelligen, geht von ihnen keine große Gefahr aus. Wenn wir ihnen aber zu nahe kommen, wird es nicht selten brenzlig. Ich habe einmal gesehen, wie ein Mann bei der Feldarbeit mit seinem Traktor ein Wespennest zerstört hat. Abrupt blieb der Traktor auf dem Feld stehen, und der Mann fing an, in der offenen Fahrerkabine um sich zu schlagen, um dann kurz darauf mit den Armen wedelnd das Weite zu suchen. Es ist auch keine gute Idee, mit einem Rasenmäher in die Nähe eines Bodennests zu kommen. Die Vibrationen des Motors machen die Tiere aggressiv; ein Bekannter von mir hat damit seine ganz persönlichen Erfahrungen machen müssen. Eine weitere Art, die ebenfalls häufig in der ländlichen Gegend vorkommt, ist die Feldwespe. Auch sie hat die typisch gelb-schwarze Färbung, ist aber etwas schlanker. Die Nester der in kleinen Völkern lebenden, friedlichen Tiere besitzen keine Außenhaut und sind nicht sehr groß. Die Tiere ernähren sich hauptsächlich von Mücken, was sie uns Menschen sehr sympathisch macht, zumal sie kein Interesse an unseren Süßigkeiten haben. Natürlich gibt es noch viele weitere Arten, die unterschiedliche Lebensräume besiedeln, aber ich möchte hier nur die häufigsten oder besser für uns auffälligsten Arten nennen.

Abschließend soll noch auf die Hornisse eingegangen werden. Auch sie baut Nester aus papierähnlichem Material, die mit einer Außenhülle versehen sind, nur sind diese Nester deutlich größer als bei den anderen Wespen. Hornissen gehören zu den gefährdeten Arten und fressen Insekten, mitunter machen sie auch Jagd auf andere Wespenarten. Man kann ihnen durch das Anbringen geeigneter Nisthilfen sehr entgegenkommen, und selbst die Umsiedlung eines vorhandenen Nestes ist unter Umständen möglich.

Anfang der Neunzigerjahre hatte ich einen solchen Hornissenkasten an der Eiche vor unserem Forsthaus angebracht und auf Nachfrage anderer Dorfbewohner, die sich über den großen Kasten wunderten, mehrfach Auskunft erteilt, wobei ich immer auf den Schutzstatus der Tiere hinwies. So dauerte es nicht lange, bis sich jemand aus dem Dorf meldete, weil er sich Hilfe von mir erhoffte. Er wolle sein Hausdach erneuern, und bei den Arbeiten sei man auf ein Hornissennest gestoßen. Irgendwer habe ihm gesagt, dass ich mich mit den Tieren auskenne. »Kannst du die Hornissen bei mir abholen?«, fragte er. Mir wurde etwas mulmig, als ich mich »Ja!« sagen hörte. Ich wollte mir auf keinen Fall die Blöße geben einzugestehen, dass ich keinerlei Erfahrung mit solchen Umsetzungsaktionen hatte und sich mein Wissen über Faltenwespen sehr in Grenzen hielt. Also verabredeten wir uns für den Abend, um das Ganze zu erledigen, nachdem die Tiere sich zur Ruhe begeben hatten. Was für eine naive Idee, aber damals wusste ich noch nicht, dass Hornissen auch nachtaktiv sind. Leider besaß ich zu dem Zeitpunkt keinerlei Fachliteratur über die Tiere, und auch Google würde erst etwa sieben Jahre später online gehen. Da wir uns noch für denselben Abend verabredet hatten, gab es also keine Chance, mein Wissen aufzustocken, und so beschränkten sich meine Vorbereitungen auf das genaue Begutachten des Hornissenkastens. In der Beschreibung stand sogar, wie man ein Nest mithilfe von zwei auf Länge gebrachten Schweißdrähten, die man unter einer der tellerförmigen Waben einsetzt, fixiert. Alles, was ich tun konnte, war also, eine Leiter an den Baum zu stellen und die zwei Schweißdrähte auf die entsprechende Länge zu kürzen, damit sie sicher auf der eingearbeiteten Ablage aufliegen würden.

Gegen 20.30 Uhr machte ich mich auf den Weg, um erstmals die Lage vor Ort einzuschätzen – wie unprofessionell. Es war noch hell, und am Nest, das ganz oben im Dachgebälk hing, herrschte rege Betriebsamkeit. Also beschlossen wir, die Wartezeit erst einmal mit einem Bier zu verkürzen. Sobald etwas Ruhe eingekehrt war, wollten wir eine größere Einkaufstüte aus Plastik von unten über das Nest stülpen und dieses dann mit einem großen Küchenmesser vom Balken trennen. Doch auch nach der zweiten Flasche Bier hatte sich die Lage am Hornissennest nicht wesentlich verändert. Warum auch, es war ein warmer Sommerabend. Also entschieden wir uns, die Sache anzugehen, und stiegen in das Dachgebälk. Wenn ich heute daran zurückdenke, kann ich über unsere naive Herangehensweise nur den Kopf schütteln, wir haben tatsächlich alles falsch gemacht. So waren wir nicht einmal mit entsprechender Schutzkleidung – einem Imkeranzug etwa – ausgerüstet, wir trugen lediglich kurze Hosen und T-Shirt. Trotzdem bewahrten wir die Ruhe, als wir uns unmittelbar am Nest befanden und die Tiere um unsere Köpfe summten. Als für einen Moment gerade nichts im Anflug war, zog der Hausbesitzer die Plastiktüte über das Nest, und ich trennte es sofort mit dem Messer vom Balken. Die Tüte war aber etwas zu lang, weshalb das Nest zehn Zentimeter hinunter auf den Fußboden fiel, wobei eine Seitenwand beschädigt wurde. Geistesgegenwärtig raffte ich schnell das obere Ende zusammen, denn nun war in der Tüte die Hölle los. Es summte, brummte und brodelte, und wir machten uns schnellstens daran, wieder abzusteigen. Beide sprangen wir in den bereitgestellten Trabant und fuhren mit durchgedrücktem Gaspedal zum Forsthaus.

Auf der kurzen Strecke hatten sich schon zwei Tiere durch den Beutel genagt und summten im Auto bedrohlich um unsere Köpfe, nicht auszudenken, wenn weitere Hornissen folgen würden. Aber alles ging gut, und wir kamen glücklich am Forsthaus an. Und nun? Wie sollten wir weiter verfahren? Ich hatte keine Ahnung, wie ich das Nest aus dem Beutel bekommen sollte, um die Schweißdrähte unter die Waben zu bringen, und all das auch noch, ohne gestochen zu werden. Die brummende Tüte in meiner Hand fühlte sich an wie eine Bombe, die jeden Moment hochgehen konnte. Also kletterte ich kurz entschlossen die Leiter bis zum Kasten hinauf und rammte die zwei Schweißdrähte parallel unter je eine Wabe durch die Tüte, um sie in den Kasten einzuhängen. Zuvor hatte ich mir aus dem Haus noch eine Schere bringen lassen, mit der ich nun eilig den Boden der Tüte aufschnitt; auch die obere Öffnung raffte ich auseinander. Dann schloss ich schnell die Tür und rettete mich mit einem Sprung von der Leiter. Schweißgebadet, aber glücklich grinste ich meinen Nachbarn an, es war allerhöchste Zeit für ein drittes Bier.

Bei einer Kontrolle des Kastens einige Tage später stellte ich zufrieden fest, dass die Hornissen den Beutel komplett zerlegt hatten. Das ganze Nest sah richtig gut aus und war von den Tieren wieder repariert worden. Trotzdem muss ich an dieser Stelle unbedingt darauf hinweisen, dass eine solche Umsiedlung einer guten Planung bedarf und unsere Aktion niemals ein Beispiel dafür sein sollte. Wie riskant der Einsatz für mich persönlich war, habe ich erst einige Jahre später erfahren, als ich versehentlich in eine auf meinem Schlüsselbund sitzende Hornisse griff. Das

Tier wehrte sich natürlich und stach mir in die Fingerkuppe. Das verursacht an einer solch empfindlichen Stelle enorme Schmerzen, und so versuchte ich, mit sofortiger Kühlung Abhilfe zu schaffen. Dass ich auf das Gift von Faltenwespen allergisch reagiere, erfuhr ich kurz darauf beim Notarzt. Wir hatten einfach nur Glück mit unserer Hornissennestumsiedlung, heute würde ich so etwas nicht mehr ohne Imkeranzug und bessere Vorbereitung durchführen. Auch das Bier sollte man besser im Anschluss trinken. Die ganze Aktion bestätigt aber auf jeden Fall, dass zumindest unsere heimischen Hornissen sehr friedlich sind. Ich bin immer wieder fasziniert, wenn ich Hornissen aus allernächster Nähe beobachte, aber auch die anderen kleinen Lebewesen haben uns einiges zu bieten. Ängste, Ekel und Vorurteile gegenüber Krabbeltieren sind also unbegründet und können mit Wissen und Erfahrung Schritt für Schritt abgebaut werden.

Max, die Nebelkrähe

Im November, wenn die Tage kurz und bleigrau sind, wenn die feuchte Kälte in die Kleider dringt und wir wieder beginnen, die Behaglichkeit der Heizung zu schätzen, zieht es mich trotzdem hinaus. Dic Landschaft hat auf den ersten Blick nicht viel zu bieten, und die Umgebung ist wie durch einen Weichzeichner konturlos verwischt. Tinka scheint das alles nicht zu berühren, denn für sie lässt sich immer etwas finden, was den Ausflug lohnend macht. Auch ich genieße tatsächlich diese Tage, wenngleich ich sie lange nicht so mit Entdeckungen zu füllen vermag wie meine kleine schwarze Hündin. Allerdings begegnet man draußen einer ganz besonderen Stille, die es nur in dieser Zeit gibt. Es scheint fast, als wäre jedes Geräusch in einen schallisolierenden Teppich verpackt, den die Natur über die Landschaft gewebt hat.

Unsere Wanderung führt uns über die Feldflur, eine offene Wiesenlandschaft, an die ein Acker angrenzt, der zwischen zwei Ortschaften liegt. Tinka liebt solche Plätze, hier kann sie sich richtig austoben. Meistens verfällt sie sofort in einen rasanten Sprint, der aber immer nur über kurze Strecken geradeaus geht, um dann abrupt die Richtung zu wechseln, so wie man es von einem Haken schlagenden Hasen kennt. Dabei kommt sie zwei Nebelkrähen, die am Wiesenrand geschäftig auf- und ablaufen, plötzlich etwas zu nahe, sodass die zwei Vögel sich kurz auf wenige Meter Höhe in die Luft erheben und einen Steinwurf weiter wieder auf der Wiese landen. Wenn man sich die Zeit nimmt, sie genauer zu betrachten, und die Distanz es erlaubt, wird man schnell feststellen, dass Nebelkrähen wunderschöne Vögel sind. Sie unterscheiden sich durch den grauen Körper deutlich von der Rabenkrähe, welche genetisch der gleichen Art angehört. Flügel, Kopf und Brustbereich sowie der Schwanz sind jedoch schwarz wie bei der Verwandten. Gerade die schwarzen Körperpartien können je nach Lichteinfall schillernde rot-violette oder grün-blaue Reflexionen aufzeigen. Aber vor allem der Kontrast zwischen den hellgrauen und dunklen Körperpartien macht die Vögel noch attraktiver. Hinzu kommt eine beeindruckende Intelligenz. Sie sind nicht nur in der Lage, sich Gesichter zu merken oder Werkzeuge zu benutzen, sie sind auch sehr sprachbegabt und erfinderisch. Nebelkrähen kommen in Deutschland vor allem östlich der Elbe vor, westlich davon findet man eher die Rabenkrähe. Entlang dieser Verbreitungsgrenze gibt es einen breiten Streifen, in dem beide Formen vorkommen, und nicht selten gibt es dort gemischte Paare. Mitte der Neunzigerjahre wurde mir von Dorfbewohnern eine noch recht junge Nebelkrähe gebracht, die angeblich aus dem Nest gefallen war. Max, so nannte ich sie, war von Anfang an ein dankbarer Pflegling, der seine Fähigkeiten alsbald immer wieder unter Beweis stellte. Anfangs brachte ich ihn in einem großen Käfig unter, der nach oben offen war und in dem ich aus Zweigen ein Nest nachgebildet hatte, welches im Inneren mit Heu ausgepolstert war. Bis er flügge war, akzeptierte er diese Art von Unterbringung und saß fast den ganzen Tag lang friedlich in seiner Behausung. Hin und wieder nahm ich ihn zu den Fütterungen heraus auf meine Hand, was ihm große Freude zu bereiten schien. Max war von Anfang an sehr zutraulich und lernte schnell, er schien seine Umgebung, besonders aber die Menschen in seiner Nähe, genau zu beobachten und baute vor allem zu mir eine intensive Bindung auf. Sobald ich das Zimmer betrat, hob er den Kopf und bettelte mit geöffnetem Schnabel, wobei rüttelnde Bewegungen der Flügel seinem Bedürfnis noch Nachdruck verliehen. Mit der Zeit hatte er eine gewisse Vorliebe für Katzentrockenfutter entwickelt; dieses entdeckte er bei einem seiner ersten Ausflüge, als er begann, das Nest zu verlassen. Seine Federn waren inzwischen so weit ausgebildet, dass er immer wieder kleine Übungsflüge durch die Wohnung unternahm. Dabei sorgte er im Übrigen dafür, dass ich gewisse Nachlässigkeiten in Sachen Ordnung zumindest vorübergehend einstellte. Schnell bemerkte ich, dass Max ein großes Interesse für auf dem Küchentisch zurückgelassenes Geschirr entwickelte. Natürlich ging es ihm vor allem um eventuelle Speisereste. Wenn man in so einer Situation dann plötzlich den Raum betrat, erschrak er und flog schnell auf. Man konnte aber auch den Eindruck gewinnen, als fühlte er sich auf frischer Tat ertappt. Solchen Momenten sind einige Gläser und auch eine Lieblingstasse zum Opfer gefallen. Max beeilte sich dann immer, zu seinem Käfig zu kommen, um unschuldig aus dem Fenster zu schauen. Es wurde also höchste Zeit für einen Umzug in eine auf dem Hof des alten Forsthauses errichtete Voliere. Nebelkrähen sind in der Lausitz nicht selten in Siedlungsnähe anzutreffen. Ihre meist hoch auf Bäumen stehenden Nester bauen sie sowohl mitten in Ortschaften als auch auf Baumreihen in der Feldflur oder in den Teichgebieten. Sie bevorzugen offenes Gelände, brüten aber auch in lichten Wäldern. Die Nester werden von beiden Partnern gebaut und bestehen aus einem Unterbau aus Reisig und Zweigen, in dem sich die eigentliche Nestmulde befindet. Diese wird aus einem lehmigen Substrat geformt, welches geglättet und mit Wurzeln, Haaren und Baststreifen ausgelegt wird. Das Gelege besteht aus vier bis sechs Eiern, die allein das Weibchen ausbrütet. Das Männchen füttert die Partnerin in dieser Zeit und beteiligt sich natürlich auch an der Aufzucht der Jungen. Der Ausdruck Rabeneltern wurde ihnen zu Unrecht angedichtet und rührt vermutlich daher, dass die Jungen recht schnell ihr Nest verlassen und dann ziemlich unbeholfen auf uns Menschen wirken. Oft hat es den Anschein, als seien sie vom Elternpaar verlassen worden, und die vermeintlich hilflosen Jungtiere werden aus Unwissenheit von Tierfreunden immer wieder mal in Obhut genommen. So erging es auch Max, den seine Eltern sicherlich besser hätten aufziehen können, als ich es konnte.

Der Umzug in die Voliere war für Max anfangs gewöhnungsbedürftig, er wollte scheinbar lieber in meiner Nähe sein, aber bald hatte er sein neues Heim akzeptiert. Es ging auch nicht darum, ihn einzusperren, vielmehr diente sein Aufenthalt in Gefangenschaft seinem Schutz. Nur wenn ich unterwegs war und er mich nicht begleiten konnte oder über Nacht war er in der verschlossenen Voliere. Ansonsten durfte er sich frei bewegen, und es dauerte nicht lange, bis er perfekt fliegen konnte. Vorerst war er tagsüber vor allem auf dem Hof beschäftigt; wenn ich dann für längere Zeit mal im Haus war, flog er ans Küchenfenster und klopfte mit dem Schnabel an, als wollte er mir sagen: »Los, komm wieder raus, lass uns was unternehmen!« Seine Unternehmungen waren meist sehr kreativ und ließen mich des Öfteren staunend danebenstehen. Anfangs saß er direkt vor dem Haus auf der Erde und schien sich für nichts zu interessieren; aber es war nur seine Taktik, den anderen Hofbewohnern Desinteresse vorzuspielen, tatsächlich beobachtete er alle ganz genau. Zuerst bekamen das die zwei Hunde, die zu der Zeit auf dem Hof lebten, zu spüren. Wenn sie zufällig dicht an ihm vorbeiliefen, zwickte er sie unvermittelt in den Schwanz, um sich danach schnell wegzudrehen und in eine andere Richtung zu schauen, als wollte er dem nach ihm schnappenden Hund sagen: »Ich war das nicht, was willst du von mir?« Das Ganze ging sehr schnell vonstatten, und bevor der Hund ihn fassen konnte, war Max schon in der Luft, um nach wenigen Metern wieder zu landen.

Mitten auf dem Hof hatte ich eine große Wasserschale aufgestellt, die Max gern zum Baden nutzte. Eines Tages beobachtete ich, wie er sich, statt zu baden, anderweitig mit seinem Pool beschäftigte. Er hatte einen Strohhalm gefunden und ließ ihn auf der Wasseroberfläche schwimmen, dazu stieß er ihn immer wieder mit dem Schnabel an, um ihn in Bewegung zu halten. Bald schon schien ihn das zu langweilen, und er suchte nach einem kleinen trockenen Zweig. Nun begann das Spiel von Neuem. Verschiedene Blätter und kleine Rindenstückchen folgten, und erst als er einen Stein gefunden hatte, der trotz mehrmaliger Versuche nicht schwimmen wollte, gab er das Spiel unter wütendem Gekrächze auf. Wenn ich ihn rief, war er immer sofort bei mir, denn oft gab es dann eine Leckerei für ihn. Meistens war das Katzentrockenfutter. Anfangs dachte ich, er sei unersättlich, bis ich bemerkte, dass er die kleinen Stückchen nicht hinunterschluckte, sondern im Kehlsack behielt. Sobald dieser voll war, flog er auf das Dach unserer Scheune, um ein Depot anzulegen. Dazu hob er vorsichtig ein Moospolster an, von denen es reichlich auf dem Dach gab, um seine Beute darunter zu verstecken. Nachdem er alles gut abgedeckt hatte, hüpfte er immer ein Stück zurück, um es aus größerer Entfernung noch einmal genauer zu betrachten. Wenn er unzufrieden war, wurde ausgebessert oder sogar ein neuer Platz gewählt. Nach getaner Arbeit flog er stets zu mir herunter, um neue Beute zu erbetteln, und das Ganze fing von vorne an. Dieses Spiel ging immer so lange, bis ich die Herausgabe von Futter verweigerte und er sich schließlich einer anderen Beschäftigung widmete. Später entwickelte Max noch eine weitere Variante des Spiels, denn die inzwischen auch auf dem Hof angelegten Verstecke wurden durch einen der Hunde bald aufgespürt. Max, der das beobachtet hatte, begann nun, wenn der Hund auf dem Hof war, sofort Futter bei mir einzufordern, welches er so auffällig versteckte, dass der Hund es bemerken musste. Danach sprang er beiseite und schaute abwechselnd auf das Versteck und auf den Hund, bis dieser seine Aufgabe erfolgreich gemeistert hatte. Dieses Spiel schien Max besonders große Freude zu bereiten, und der Hund hatte schließlich was davon, auch wenn Max mit der Zeit dafür sorgte, dass die Verstecke immer schwieriger zu finden waren. Von nun an wurden seine Ausflüge immer ausgedehnter, und er begann, in der Nachbarschaft seine »Angelegenheiten« zu erledigen. Max überraschte mich immer wieder, er studierte die Gewohnheiten aller Mitbewohner unseres Grundstücks und die der Nachbarn genau. Irgendwann saß er auf dem Tisch vor mir im Garten und beobachtete, wie ich eine Zigarette aus der Schachtel nahm und sie in den Mundwinkel steckte, um sie anzuzünden. Vorsichtig setzte er nun einen Fuß auf die Schachtel und zog mit der Schnabelspitze ebenfalls eine Zigarette heraus, um sich mir gegenüber schelmisch mit etwas schräg gehaltenem Kopf und der Zigarette im Schnabel zu präsentieren. Ich musste tatsächlich sofort lachen, es sah zu komisch aus, wie Max versuchte, den coolen Typen zu geben. Hin und wieder wurde ich durch ihn auch mit Geschenken bedacht, die er von seinen Ausflügen mitbrachte. Zuerst waren es Stöckchen oder Eicheln, nun waren es Zigaretten, die er aus der Schachtel der Nachbarin stibitzte. Später machte er sich nicht die Mühe, einzelne auszupacken, er brachte gleich die ganze Schachtel mit. Die Sache mit den Geschenken bereitete mir aber zusehends ein schlechtes Gewissen, denn es blieb nicht bei Zigaretten. Immer öfter aber behielt er die Beute für sich und versteckte sie an einem sicheren Ort; das letzte Geschenk, welches er mir machte, war jedenfalls ein Autoschlüssel aus der Nachbarschaft, den ich dem

Besitzer zum Glück wieder zurückgeben konnte. Einmal beobachtete ich, wie er zwei Dachdecker beeindruckte, die den »zahmen Vogel« lustig fanden und ihn mit ihren Pausenbroten fütterten. Zum Dank stahl er ihnen einen speziellen Pinsel aus der Werkzeugkiste, was sie fluchend zur Kenntnis nahmen. Besonders spannend war für Max Wäsche, die im Freien zum Trocknen aufgehängt wurde. Meine Nachbarin erzählte mir begeistert, wie er sich zu ihr auf die Leine gesetzt und genauestens beobachtet habe, wie sie die einzelnen Wäschestücke mit Klammern befestigte. »Max war ganz brav dabei«, versicherte sie mir noch. Eine halbe Stunde später rief ich sie an und erklärte ihr, dass er inzwischen dabei sei, die Wäsche wieder abzunehmen, und ich mir nicht vorstellen könne, dass sie in der kurzen Zeit schon getrocknet sei. Aus dem Fenster konnte ich sehen, wie er mit Begeisterung die bunten Klammern von der Leine löste und den herunterfallenden Wäschestücken nachblickte. Auch beim Jäten im Garten wollte er mir immer behilflich sein. Er bekam mit, wie ich die Wildkräuter neben den Salatpflänzchen herauszupfte. Sein Schnabel, den er wie eine Pinzette gebrauchte, konnte er für eine solche Tätigkeit sehr gut einsetzen. Anfangs schien er es auch richtig gut zu machen, vorsichtig zog er Melde und Vogelmiere heraus. Die Freude hielt aber nicht lange an, denn schon bald machte er keinen Unterschied mehr zwischen den Pflanzen, sein einziges Ziel schien es zu sein, das Beet komplett von ihnen zu befreien. Diese Art von Gartenarbeit praktizierte er auch einmal in einer der benachbarten Gaststätten, wo er dafür Sorge trug, dass der üppige Geranienbestand in den Blumenkästen an den Fenstern arg dezimiert wurde. Einige Kästen räumte er fast komplett aus, sogar die Blumenerde wurde von ihm ausgelagert. Der Wirt war davon natürlich nicht begeistert, zumal Max dort schon mehrfach unangenehm aufgefallen war. Erst kurz zuvor hatte er auf dem Fensterbrett gesessen und Gästen beim Essen zugesehen. Als er dann begann, an die Scheibe zu klopfen, machten sie sogar das Fenster auf, um ihm etwas Brot anzubieten. Max war aber eher an einem Stück Fleisch interessiert, weshalb er zielsicher auf einen Teller sprang, um mit einem kleinen Steak im Schnabel sofort wieder den Rückzug anzutreten. Immer wieder hörte ich aus der Nachbarschaft von seinen Taten, aber in den meisten Fällen wurde ihm verziehen. Nicht immer waren es nur Streiche, für die er im Dorf Berühmtheit erlangte: So brachte er zum Beispiel öfter morgens meine älteste Tochter zur Schulbushaltestelle, wo er dann bis zu dessen Abfahrt mit ihr wartete. Ein anderes Mal bewahrte er mich sogar vor einem nervigen Vertreter, der vor dem Grundstück parkte und nur noch etwas in seinen Unterlagen zu sortieren schien. Max landete auf dem Dach des Autos und spähte von oben durch die Frontscheibe. Der Vertreter hatte scheinbar aus dem Augenwinkel eine Bewegung erkannt und blickte auf, aber Max hatte den Kopf schon zurückgezogen. Mehrfach wiederholte sich jetzt der Vorgang, und der Vertreter, der inzwischen einige Papiere in den Händen hielt und etwas zu lesen schien, war sichtlich genervt, da er nicht wusste, was da vor sich ging. In diesem Moment hatte Max entdeckt, dass die Seitenscheibe einen Spalt offen stand, und steckte den Kopf zum Fenster hinein, um den Mann laut anzukrächzen. Der erschrak daraufhin so sehr, dass er die Papiere im Auto umherwirbelte und sogleich den Motor startete, um auf Nimmerwiedersehen zu verschwinden. »Gut gemacht, Max!«, dachte ich.

Max blieb bis zum Winter bei uns, den er besonders zu lieben schien – zumindest was die Möglichkeiten in Sachen Wintersport anging. In dem Jahr gab es richtig viel Schnee. Auf dem Hof vor dem Forsthaus hatten wir einen großen Berg aufgetürmt, der durch das ständige Schneeschieben immer weiterwuchs. Nachdem Max ihn erklommen hatte – was er immer tat, auch wenn er einfach hätte hochfliegen können –, legte er sich oben mit angelegten Flügeln und angezogenen Beinen an die Kante und ließ sich seitlich herunterrollen. Unten lag er erstmal für einen Moment auf dem Rücken, um dann schnell auf die Füße zu springen. Sobald er sein Gefieder aufgeschüttelt hatte, bestieg er den Schneeberg für eine weitere Rodeltour. Manchmal hüpfte er auch mit Schwung auf den Schneehügel zu, um wie ein Dartpfeil mit angelegten Flügeln und dem Kopf voran im Schnee zu stecken. Danach schüttelte er sich kurz, um dann das Ganze zu wiederholen.

Eines Tages kam Max mit einer Verletzung am Flügel nach Hause, und ich begann mir Sorgen zu machen: Sollte ich ihn besser in der Voliere gefangen halten, damit ihm nichts passierte? Ich entschied mich dagegen und nahm ihn stattdessen immer mit dem Auto mit, um ihm andere Regionen zu zeigen. Seine Zutraulichkeit anderen Menschen gegenüber hatte deutlich abgenommen, nur zu mir hatte er weiterhin eine intensivere Bindung, wenngleich er auch nicht mehr ganz so nah an mich herankam. Eines Tages war es dann so weit, er kehrte von einem Waldspaziergang nicht mehr zurück. Ich habe später, immer wenn ich eine Nebelkrähe in der Nähe meines Grundstücks gesehen habe, laut seinen Namen gerufen, aber Max blieb fort.

Inzwischen beginnt die Dämmerung, Tinka hat aufgehört herumzutollen und sitzt schon eine ganze Weile bei mir. Die beiden Nebelkrähen haben sich inzwischen zu ihren Schlafbäumen in einer Kieferngruppe aufgemacht; für mich wird es Zeit, nach Hause zu fahren. Ich habe Lust auf eine Tasse Tee.

Von Neubürgern und alten Bekannten

Vor etwa fünf Jahren hatte ich Besuch von der Naturschutzbehörde, es ging um die Erweiterung des Flächennutzungsplans der Gemeinde und den damit verbundenen Auflagen. In diesem Zusammenhang bat mich der Beamte damals, in Zukunft den *Neophyten* auf meinem Grundstück in der Spreeaue mehr Beachtung zu schenken. Als Neophyten werden Pflanzen bezeichnet, die in der Zeit nach der Entdeckung Amerikas 1492 durch menschliches Wirken in eine Region gelangt sind, in der sie zuvor nicht vorkamen. Persönlich finde ich es etwas merkwürdig, die Angelegenheit an diesem Datum festzumachen, da Menschen schon davor Pflanzen in andere Regionen gebracht hatten. Diese Arten werden aber *Archäophyten* genannt und erstaunlicherweise von Seiten des Naturschutzes als heimisch bezeichnet. Bei den Tieren schaut es etwas anders aus: Eingebürgerte Arten werden *Neozoen* genannt, die Ansiedelung wird aber nicht mit einem Datum festgelegt.

Neophyten und Neozoen genießen nicht selten einen schlechten Ruf, einige von ihnen bezeichnet man auch als invasive Arten. Das sind zumeist die, durch welche ein vorhandenes Ökosystem gefährdet werden kann. Das Ganze ist ein schwieriges Thema, denn auch hier machen wir Menschen die Regeln und Unterschiede. Arten, die uns einen unmittelbaren Nutzen bringen, genießen beispielsweise einen deutlich besseren Ruf als solche, von denen wir nicht oder weniger profitieren. Bei den Pflanzen sind es zum Beispiel Kartoffel, Mais und Sonnenblume, bei den Tieren unter anderem Damwild und Karpfen, die uns nützen. Wenn man sich nun vor Augen hält, dass wir gerade in der Landwirtschaft riesige Flächen zum Beispiel mit Monokulturen aus Mais bebauen und diese Flächen unserem Ökosystem entziehen, erscheint die Verteufelung von Indischem Springkraut und Beifußblättrigem Traubenkraut geradezu unsinnig.

Ich kann mich gut erinnern, wie mein Nachbar mir in seinem Garten ein prächtiges Exemplar des Indischen Springkrautes als Frauenschuh vorstellte. Er war stolz, dass dieses für ihn unbekannte Gewächs in seinem Garten aufgetaucht war, und meinte, es müsse sich irgendwie um eine seltene Orchidee handeln. Nur wenige Jahre später war das Springkraut überall in den Gärten der Ortschaft und massenhaft entlang des Spreeufers zu finden. Nicht nur mein Nachbar fluchte jetzt darüber, sogar in der regionalen Tageszeitung wurde darüber berichtet und dazu aufgerufen, die Pflanze zu vernichten. Gerade das Springkraut stellte sich aber als ein sehr hartnäckiger Gegner heraus. Auch ich war damals fest davon überzeugt, es würde durch sein massenhaftes Auftreten andere Arten verdrängen, und machte mich daran, mein Grundstück von den Invasoren zu befreien, was sich bald als aussichtsloses Unterfangen herausstellte. Ich gab auf und überließ dem vermeintlichen Feind das Gelände. Von nun an wollte ich das

Gewächs aber ein wenig genauer unter die Lupe nehmen. Rein von ihrem Erscheinungsbild her sind Springkräuter wunderschöne Pflanzen, und schon bald bemerkte ich, dass auch viele Insekten an ihren Blüten zu finden waren: Vor allem Bienen, aber auch Hummeln bedienten sich an Nektar und Pollen, und auch Haustiere wie unsere Kaninchen verschmähten die saftigen Stängel und Blätter nicht. Die Blüten selbst sind für mich mittlerweile eine schmackhafte Ergänzung im Salat, und die kleinen Samenkörner, die zugegeben nicht so einfach zu ernten sind, haben einen angenehm nussigen Geschmack. Mit der Zeit begann ich, die Pflanze zu schätzen und mir nach und nach eine andere Meinung zu bilden. Nun wollte ich natürlich wissen, ob die Springkräuter andere Arten an der Flussaue beeinträchtigen oder sogar verschwinden lassen. Also machte ich mich vom Frühling an auf die Nachsuche und konnte tatsächlich keine Veränderungen bemerken. Vielleicht liegt es daran, dass die jungen Pflanzen erst deutlich nach den hier typischen Vertretern eine entsprechende Größe erreichen, denn Scharbockskraut, Buschwindröschen und Gelbstern haben dann schon lange ihre Blütezeit beendet, sodass sich die Beschattung durch den schirmbildenden Wuchs des Springkrautes nicht negativ auswirkt.

In den letzten Jahren aber hatte die Art, die es gern recht feucht mag, erhebliche Probleme wegen des ausbleibenden Niederschlags. Der Bestand entlang der Spree ging mit der Zeit merklich zurück, alteingesessene Arten hingegen scheinen die Trockenheit deutlich besser zu verkraften. Das sind natürlich nur meine persönlichen Beobachtungen, die in anderen Gegenden völlig anders ausfallen können. Hier jedenfalls ist das Indische Springkraut inzwischen kaum noch anzutreffen. Bleibt abzuwarten, wie sich die Situation weiterentwickelt.

Auf jeden Fall aber müssen wir uns daran gewöhnen, dass wir in Zukunft mit weiteren Neubürgern im Tier- und Pflanzenreich rechnen können. In einer globalisierten Welt, in der alltäglich Waren und Personen über Tausende Kilometer hinweg transportiert werden, sind immer wieder auch »blinde Passagiere« mit von der Partie. Wenn dann die klimatischen Bedingungen der neuen Heimat optimal sind, werden sie, anfangs meist unbemerkt, bald in größerer Anzahl auftauchen. Die Klimaerwärmung bietet zudem beste Voraussetzungen.

Die meisten Arten, die neue Regionen besiedeln, sind ohne bewusstes Zutun der Menschen in ihrer neuen Heimat gestrandet. Aber es gibt natürlich auch viele Arten, denen wir mit dem festen Vorsatz der kontrollierten Haltung oder des Anbaus in Gärten und Grünanlagen den Schritt in eine neue Welt ermöglicht haben. Die Liste ist lang, und so will ich nur einige Beispiele nennen. In Deutschland handelt es sich bei Waschbär, Mink (dem nordamerikanischen Nerz), Nutria und – seit einigen Jahren auch – Nandu um eingeschleppte Tiere, die sich erfolgreich vermehren und inzwischen stabile Bestände aufweisen. Alle diese Arten wurden als Nutztiere eingeführt und sind aus der Gefangenschaft geflohen. Andere Arten wie der Halsbandsittich oder der Sonnenbarsch waren ehemals Ziergeflügel oder Zierfische in privaten Haushalten; auch sie haben sich inzwischen bei uns etabliert. Die Gottesanbeterin, eine Fangschrecke, die dadurch Bekanntheit erlangt hat, dass die Weibchen nach der Paarung hin und wieder ihre Männchen verspeisen, ist in der Lausitz inzwischen nicht selten zu finden. Dieses Insekt, dessen eigentliche Heimat sich im Mittelmeerraum befindet, ist ein Gefangenschaftsflüchtling und stammt vermutlich aus einer privaten Tierhaltung. Die Liste der Arten wird ständig länger, und wenn die Klimaerwärmung voranschreitet, ist damit zu rechnen, dass sich selbst entflohene Tiere aus anderen Klimazonen, die bisher nur überleben, sich aber bei uns nicht vermehren, in Zukunft auch in unseren Breitengraden reproduzieren können. Das könnte zum Beispiel auf nordamerikanische Schildkröten zutreffen, wie Schnappschildkröten oder sogar Rotwangen- und Gelbwangenschmuckschildkröten, die nicht selten in Teichen von Parkanlagen freigelassen werden, da sie für das Aquarium inzwischen zu groß geworden sind. Die Halter wissen häufig nicht, dass diese Art der Entsorgung für andere einheimische Arten dramatische Folgen haben kann, denn auf dem Speisezettel der Tiere stehen nicht selten bei uns bedrohte andere Spezies. Leider wird das nach wie vor so praktiziert, und auch bei mir an der Spree konnte ich unmittelbar an meiner Badestelle für einige Tage eine Gelbwangenschmuckschildkröte beobachten.

Welche Auswirkungen all diese Neubürger auf das Ökosystem auf lange Zeit hin wirklich haben, lässt sich heute noch nicht sagen. Klar ist, wir werden damit leben müssen, denn die Natur hat, selbst wenn wir zu drastischen Mitteln greifen, oft eine passende Antwort auf unsere Regulierungsmethoden parat. Das zeigt sich zum Beispiel bei den hilflosen Versuchen, die Waschbärpopulation in den Griff zu bekommen. Jäger versuchen, das vermeintliche

Problem mit Fallen zu lösen, und verweisen nicht selten stolz auf ihre hohen Fangquoten. Mir wurde persönlich von solchen Leuten bestätigt, dass die Fangzahlen auch nach Jahren nicht zurückgegangen sind. Somit stellt sich die Frage, ob sie nicht gerade durch den Fang die Reproduktion verstärken. Das ist durchaus nicht von der Hand zu weisen, denn viele Arten sind in der Lage, durch höhere Reproduktion Verluste schnell auszugleichen. Hinzu kommt, dass »leergefangene« Reviere durch den Populationsdruck schnell wieder von umherwandernden Tiere besetzt werden. Waschbären kann man zwar nicht direkt als revierbildende Art bezeichnen, aber sie leben in kleinen Gemeinschaften zusammen und besetzen ein bestimmtes Streifgebiet. Bleibt zum Schluss noch anzumerken, dass der Einfluss des Waschbären auf das Ökosystem in bisherigen Untersuchungen sehr unterschiedlich bewertet wird und die jeweiligen Bedingungen vor Ort die entscheidenden Faktoren sind.

Die Veränderung des Artenspektrums in einer Region wird also nicht nur von natürlichen Faktoren beeinflusst, vielmehr gewinnen die durch uns Menschen verursachten Einflüsse hierbei immer mehr an Bedeutung. So gibt es inzwischen sogar Projekte zur Wiederansiedlung von Arten, die regional ausgestorben waren, wie beispielsweise das Auerhuhn in der Lausitz. Hier handelte es sich zuletzt um Inselvorkommen, die keine Anbindung an das aktuelle Verbreitungsgebiet mehr hatten und die sich somit auch nicht selbst erholen konnten. Solche Projekte sind häufig umstritten, da sie nur mit großem Aufwand zu realisieren sind, ich meine aber, auch sie haben ihre Berechtigung, wenn man dafür sorgt, dass solche Vorkommen in der Zukunft nicht nur isolierte Flecken auf der Verbreitungskarte bleiben. Schließlich sind wir Menschen meist auch verantwortlich für das Verschwinden dieser Tiere aus unserer Landschaft.

Positive Tendenzen zeigen sich zum Teil bei Arten, deren Bestände schon stark dezimiert waren und die inzwischen wieder vermehrt auftreten. Für mich persönlich ist die Entwicklung der Bestände des Wiedehopfs ein schönes Beispiel. Der Hupak, wie er von den Sorben genannt wird, war bis in die Mitte des letzten Jahrhunderts weit verbreitet. Kleinbäuerliche Tierhaltung und Pflanzenproduktion sind dafür beste Voraussetzungen. In der zweiten Hälfte des 20. Jahrhunderts aber änderten sich die Bedingungen durch die Modernisierung der Landwirtschaft mehr und mehr, sodass die Art immer seltener wurde. Die Anzahl geeigneter Brutstätten und auch der Nahrungstiere ging immer weiter zurück. So konnte ich in meiner Kindheit nur zweimal einen Wiedehopf beobachten, obwohl ich gerade ihm meine besondere Aufmerksamkeit schenkte. Er gehörte gemeinsam mit dem Eisvogel, dem Bienenfresser und der Blauracke zu meinen persönlichen ornithologischen Highlights. Das lag sicherlich zum einen am exotischen Erscheinungsbild der genannten Arten, aber auch an ihrer Seltenheit. Der Eisvogel war in der Teichlausitz gut vertreten und hatte nur in langanhaltenden kalten Wintern Bestandseinbrüche zu verzeichnen. Die anderen drei Arten sind Zugvögel, und so blieben mir nur einige Monate im Jahr für eine erfolgreiche Beobachtung. Es vergingen viele Jahre , bis ich wieder einen Wiedehopf zu sehen bekam, obwohl die Tiere sowohl in den Flussauen als auch in der relativ trockenen Heidelandschaft einen geeigneten Lebensraum finden. Allerdings waren es immer nur wenige Brutpaare, die hier ihre Jungen aufzogen. Das sollte sich schlagartig ändern, als durch Naturschützer eine Vielzahl an geeigneten Nisthöhlen aufgestellt wurde. Inzwischen ist der Wiedehopf wieder gut vertreten. In meinem Dorf gab es in diesem Frühjahr sogar drei Brutpaare. Selbst einigen Dorfbewohnern waren die sehr heimlichen Vögel aufgefallen, wenn auch vor allem durch ihren ungewöhnlichen Ruf. Einer beklagte sich bei mir, dass er morgens ab fünf Uhr bei geöffnetem Fenster nicht mehr schlafen könne. Anfangs meinte er, der Nachbar hätte einen neuen Ton bei seinem Wecker eingestellt, und zugegeben, das langanhaltende monotone Hupen erinnert ein wenig daran, selbst ich werde davon wach. Aber was gibt es Schöneres, als vom Ruf des Wiedehopfs geweckt zu werden? Die Dorfbewohner waren nicht mehr an ihn gewöhnt und hatten auch seinen alten Namen vergessen. Aber nun ist der Hupak wieder da.

Mit der Blauracke sieht das ganz anders aus, obwohl auch sie bis in die Siebzigerjahre ein Brutvogel in der Gegend war, gilt sie mittlerweile deutschlandweit als ausgestorben. Ein Ornithologe aus der Region erzählte mir öfter von seinen Beobachtungen, und ich hatte den sehnlichen Wunsch, sie ebenfalls einmal vor mein Fernglas zu bekommen. In den Neunzigern sollte es endlich so weit sein, auch wenn mir die Sache am Anfang nicht gleich klar war. Ich fuhr mit dem Auto am Morgen in ein Nachbardorf, um einige Besorgungen zu machen. Normalerweise liegt mein Fernglas immer griffbereit auf dem Beifahrersitz, man weiß ja schließlich nie, was einem unterwegs begegnet. An diesem Tag hatte ich es leider in der Eile vergessen. Kurz nach dem Ortsausgangsschild sah ich die Vögel, die in größerer Entfernung auf der Stromleitung saßen: zwei Nebelkrähen, einige Stare und … »der Silhouette nach müsste das eine Blauracke sein«, dachte ich im Vorbeifahren. Aber das war sicher nur Einbildung, vielleicht war es doch ein Eichelhäher, obwohl er solche Plätze eigentlich eher meidet. Ich verwarf meine Gedanken; die Entfernung war ohne Fernglas viel zu groß, und außerdem musste ich zu meinem Einkauf, die Familie wartete schließlich auf frische Bäckerbrötchen. Etwa eine Stunde später – wir saßen noch am Frühstückstisch – stand mein Nachbar plötzlich in der Küche. »Sag mal, sitzen Eisvögel auch mal auf einer Stromleitung?« Ich wusste sofort Bescheid und fragte trotzdem: »Wo?« »Na, am Dorfrand bei den Feldern!« Fast hätte ich im Aufspringen die Kaffeetasse heruntergerissen. »Die Blauracke, es muss eine Blauracke sein!«, rief ich, als ich an ihm vorbeistürmte. Diesmal vergaß ich das Fernglas nicht, und auch meine Kamera mit der zugegeben viel zu kurzen Brennweite nahm ich mit, ich brauchte ein Belegfoto. »Ein superseltener Vogel!«, rief ich meinem Nachbarn noch zu – schon saß ich im Auto. Dann endlich konnte ich sie durch mein Fernglas betrachten, was für ein wunderschöner Vogel, und nicht einmal sehr scheu. Das blaue Gefieder leuchtete in der Sonne, ein schöner Kontrast zu den kastanienbraunen Federn der Flügeldecken. Den ganzen Tag lang hielt sie sich in dem Gebiet auf.

In den nächsten Tagen suchte ich die Gegend nach ihr ab, leider vergeblich. Erst 27 Jahre später hatte ich das Glück, wieder eine Blauracke in der Lausitz zu sehen. Diesmal war es Anfang Herbst; es handelte sich um einen Jungvogel, der noch nicht so ein prächtiges, kontrastreiches Gefieder vorzuweisen hatte. Aber auch diese Beobachtung, die ich ohne den Tipp eines Freundes nie gemacht hätte, verursachte bei mir ein großes Glücksgefühl. Es war toll, sie bei der Insektenjagd zu beobachten. Dafür sitzt sie gern auf Freileitungen und freistehenden erhöhten Objekten, von hier lassen sich ihre Beutetiere gut ausmachen. Früher waren das nach der Getreideernte oft die Strohpuppen aus gemähten Getreidegarben, in manchen Gegenden auch Mandeln genannt, die auf den Feldern aufgestellt wurden. So wurde sie im Volksmund zur Mandelkrähe. Der Name Blauracke wiederum hat seinen Ursprung in den Lautäußerungen der Vögel, die etwa wie »Rack, rack« klingen. Ich wünsche mir sehr, dass sie wieder als Brutvogel in der Lausitz heimisch wird. Aber wer weiß, vielleicht gehört sie ebenfalls zu den Arten, die von der Klimaerwärmung profitieren wie der Bienenfresser.

Bienenfresser sind in Deutschland gerade auf dem Vormarsch. Sie leben in Kolonien und bauen ihre Erdbaue gern in steilen Abbrüchen, wie sie in Kiesgruben zu finden sind. Es ist ein wunderbares Erlebnis, dem Treiben der Tiere in einer solchen Kolonie zuzuschauen. Gerade im Mai nach der Ankunft aus den Winterquartieren herrscht hier rege Betriebsamkeit, wenn die Paare sich finden und die Tiere beginnen, ihre Höhlen zu graben. Zuvor aber erhält die Auserwählte vom Männchen noch ein Hochzeitsgeschenk in Form einer dicken Hummel oder eines anderen größeren Insekts, damit sie auch weiß, dass er imstande ist, eine

Familie zu ernähren. Neulich erzählte mir ein Freund, er hätte eine größere Gruppe Bienenfresser über einer ehemaligen Tagebaulandschaft gesehen. Gerade in diesen Landschaften werden wir in den nächsten Jahren sicher noch einige Neubürger antreffen. Wir dürfen gespannt sein, die erste Vorhut ist schon da, um die neue oder alte Heimat auszukundschaften und hier Fuß zu fassen. Also herzlich willkommen Goldschakal, Elch, Luchs und so weiter. Ich jedenfalls freue mich schon auf eine Begegnung mit diesen Arten in der Natur.

Vom Glück, dem Wassermann zu begegnen

Auch im Winter hat die Teichlausitz natürlich ihre Reize, wenngleich diese Jahreszeit in den letzten Jahren nicht annähernd das zu bieten hatte, was man sich von ihr verspricht. Schnee ist in der Lausitz zu einer seltenen Kostbarkeit geworden, und wenn die Natur uns doch überraschend hin und wieder mit dem weißen Zauber beschenkt, nutze ich den Tag gern für einen Ausflug in die Teichlausitz. Gerade an solchen Tagen habe ich die Gelegenheit, interessante Neuigkeiten über einen sehr heimlichen Bewohner unserer Gewässer zu erfahren. Ich selbst habe dieses Tier nur selten in freier Natur beobachten können, und sicherlich haben die Menschen früher auch nicht öfter eine solche Gelegenheit gehabt. So könnte es tatsächlich sein, dass die Spuren und Zeichen, die auf seine Anwesenheit hindeuten, die menschliche Fantasie beflügelt haben: Daraus entstand der Wassermann – oder besser der »Wódny muž«, wie er von den Sorben hier genannt wird. Natürlich ist das nur eine Vermutung von mir, aber schließlich muss es eine Vorlage für die vielen Geschichten um eine solche Sagengestalt gegeben haben. Kein anderes Tier aber als der Fischotter passt so perfekt in diese Rolle. Sein Lebensraum hier ist die Teichlandschaft, aber auch die vielen Flüsse und Gräben gehören dazu, und selbst die noch junge Seenlandschaft hat er inzwischen erobert.

Endlich bin ich mit Tinka in der Teichgruppe angekommen und werde sofort durch ein lautes Trompeten begrüßt: Es sind die Singschwäne, die im Winter regelmäßig hier in der Lausitz die Zeit bis zum Frühling überbrücken. Eher flüchtig betrachte ich die Ansammlung auf dem Wasser, denn eigentlich habe ich ein anderes Ziel, aber dann bleibt mein Blick doch an der Gruppe der weißen Schönheiten haften, denn ich habe tatsächlich zwei Zwergschwäne entdeckt. Auf den ersten Blick sind sie nur durch die geringere Größe vom Singschwan zu unterscheiden, aber bei genauerem Hinsehen fällt neben dem merklich kürzeren Hals auch der deutlich geringere Gelbanteil am Schnabel auf. Die kleinste der drei bei uns vorkommenden Arten ist auch die, welche am seltensten zu beobachten ist. Auch sie erscheinen hier nur im Winter, und ihre Brutgebiete liegen ausschließlich in den nördlichen Weiten der russischen Tundra. Inzwischen habe ich sogar mein Spektiv ausgepackt, um mir die Vögel genauer anzuschauen, denn einer der beiden ist beringt, wie ich schon durch das Fernglas sehen konnte. Zu meiner Freude sind die beiden Zwergschwäne auf einer Schlammbank im Teich »an Land gegangen«, um sich ausgiebig zu putzen. Dank der extremen Vergrößerung des Spektivs ist es für mich tatsächlich einfach, den Farbring mit der Buchstabenkombination abzulesen, und ein kurzes Telefonat mit einem befreundeten Ornithologen beim Förderverein der Vogelwarte bringt weitere Erkenntnisse. Das Tier wurde in England nördlich von

Liverpool beringt, soviel steht schon mal fest. Sicher hat der Schwan hier während des Vogelzugs irgendwann Rast gemacht. Genauere Informationen werde ich natürlich noch erfahren, denn ich habe den Fund sofort der Beringungszentrale in Hiddensee gemeldet. In Deutschland gibt es noch zwei weitere Zentralen auf Helgoland und in Radolfzell. Hier werden alle Ringfunde aus dem Bundesgebiet gesammelt, die Zentralen sind natürlich mit anderen weltweit vernetzt. Nachdem man einen Ringfund gemeldet hat, erhält man automatisch alle bekannten Daten über den beringten Vogel, wo er wann beringt wurde und wo er im Laufe seines Lebens aufgetaucht ist und abgelesen wurde. Aus diesen Daten können nicht nur wichtige Erkenntnisse zum Vogelzug abgeleitet werden, sie geben auch Aufschluss über das Alter der Tiere oder über Brut- und Sozialverhalten.

Inzwischen sind wir weitergelaufen, und Tinka untersucht mit ihrer Nase intensiv eine Stelle am Teichdamm, die ich mir nun genauer anschaue. Hier verläuft quer über den Fahrweg ein Wechsel, der von einem Teich in den anderen führt. Wechsel nennt man Wege, die in der Natur von Tieren benutzt werden; meist kreuzen sie unsere Wegesysteme, denn sie dienen natürlich völlig anderen Zwecken als den unseren. Häufig führen sie zu Orten, die regelmäßig zur Nahrungsaufnahme besucht werden, und so kann man sie überall und in den unterschiedlichsten Lebensräumen finden. Einige von ihnen werden sogar nicht selten von verschiedenen Tierarten benutzt, denn auch Tiere benutzen gern Wege, um durch besseres Vorankommen Energie zu sparen. Dieser hier wird regelmäßig von einem Fischotter benutzt, wie an den kleinen aus Pflanzenteilchen zusammengescharrten Häufchen, auf denen sich etwas Otterkot befindet, zu erkennen ist. Sie verströmen einen leicht tranigen Geruch und zeigen andern Ottern ein besetztes Revier an. Unsere europäischen Otter sind Einzelgänger und dulden keine Konkurrenz im besetzten Revier. Die Aufzucht der Jungen bleibt dem Weibchen allein überlassen, denn Männchen und Weibchen treffen sich nur zur Paarung, die das ganze Jahr über stattfinden kann. Männchenreviere sind größer als die der Weibchen und überlagern dadurch Teile verschiedener Weibchenreviere. Die Lieblingsspeise unserer Otter sind natürlich Fische, aber auch Schalentiere, Krebse und Amphibien werden gefressen. Fischotter sind ausgezeichnete Schwimmer und können mehrere Minuten lang tauchen, ihr ganzer Körper ist hervorragend an den Aufenthalt im Wasser angepasst. Sie können die recht kleinen Ohren und auch die Nasenlöcher unter Wasser verschließen, und ihr extrem dichtes Fell schützt den Körper vor Auskühlung und Nässe.

Tinka hat zum Glück nicht alle Spuren auf dem Wechsel zerstört, und so kann ich an einigen einzelnen Abdrücken sogar die Schwimmhäute zwischen den Zehen erkennen. Auch die Schleifspur des kräftigen Schwanzes ist bei genauem Hinschauen zu sehen. Nicht immer lassen sich diese Spuren so leicht entdecken, nur im Herbst, wenn die Teiche abgelassen werden und der schlammige Teichgrund zum Vorschein kommt, sind neben den Trittsiegeln aller hier lebenden Arten auch die Spuren der Fischotter häufig zu sehen. So ist also der Schnee ein Glücksfall für mich, denn ich muss nicht lange suchen, um weitere Hinweise für die Anwesenheit des zu den marderartigen Beutegreifern gehörenden Otters zu finden. An einer etwas geschützten Stelle nur wenige Meter weiter finde ich einen Fraßplatz, der sich direkt an einer Ausstiegsstelle am Teichufer befindet. Hier ist der Schnee auf einer Fläche von etwa einem halben Quadratmeter dicht zusammengepresst und weist an einer Stelle sogar einen kleinen Blutfleck auf. Auch einige Fischschuppen kann ich entdecken, die sich eindeutig einem Karpfen mittlerer Größe zuordnen lassen. Nur etwa dreihundert Meter von der Stelle entfernt befindet sich ein Otterbau, den ich seit vielen Jahren kenne und wo ich damals, als ich ihn entdeckte, ein wunderbares Erlebnis hatte. Fischotter legen ihre Baue häufig direkt im Böschungsbereich von Gewässern an, und der Eingang der Höhle befindet sich dabei oft unter Wasser. Die Stelle war mir im Herbst nach der Abfischung, als der Teich abgelassen war, aufgefallen. Ein längerer Graben – der Zulauf des Teiches – ging direkt am Standort des Otterbaus in den Teich über, und so könnte man, dachte ich damals, von der gegenüberliegenden Grabenseite den Bereich gut einsehen, ohne zu stören. Der Teich wurde bis zum Winter wieder gefüllt – angespannt sagen die Fischer hier –, um darin zweisömmrige Karpfen zu überwintern. Bei einem Ausflug ins Teichgebiet im Februar konnte ich dann tatsächlich eine Spur von Luftblasen unter der nur noch dünnen Eisdecke erkennen. Sie führte von einem versteckten Einstiegsloch über eine Strecke von etwa dreißig Metern direkt zu der Stelle, an der ich den Bau vermutete. In dieser Nacht sollte es Vollmond geben, und der Wetterbericht versprach einen wolkenlosen Abend, was auch dank der geschlossenen Schneedecke beste Voraussetzungen für eine gute Sicht erhoffen ließ. Nach dem Abendessen machte ich mich also zum zweiten Mal auf den Weg ins Teichgebiet. Die Landschaft lag, beleuchtet durch den nun immer weiter aufsteigenden Mond, wie mit einem riesigen weißen Laken bedeckt, scheinbar in tiefem Schlaf. Die friedliche Stille jedoch, die hier draußen herrschte, wurde nun durch meine eigenen Schritte im knöcheltiefen Schnee zerschnitten. Ich kam mir vor wie ein Eindringling, der jetzt nicht hier sein sollte, wurde aber vorangetrieben durch meine Neugier; ich wollte unbedingt den Fischotter sehen. Das knirschende Geräusch wurde in meiner Wahrnehmung – durch mein Unterbewusstsein – so enorm verstärkt, dass ich mehrmals meinen Weg unterbrach und still verharrte, als fühlte ich mich auf frischer Tat ertappt. Ich lauschte so angestrengt in die Stille, dass ich mein Herz schlagen hörte, bis mir bewusst wurde, dass niemand hier draußen, außer mir selbst, von meinem Tun Notiz nahm; so setzte ich schließlich den Weg zum Otterbau fort. Endlich war ich da und nahm zwischen den Weiden eine Position ein, die eine gewisse Deckung versprach, sodass der Otter mich hoffentlich nicht sehen würde. Noch atmete ich schnell, und mir war durch den langen Weg sehr warm geworden, aber meine Kleidung hatte ich mit Bedacht ausgewählt, denn von nun an würde ich mich für längere Zeit nicht bewegen können. Schon kurz darauf hatte sich mein Atem beruhigt, und die nun deutlich aufsteigende Kälte rechtfertigte meine Kleiderauswahl. Nun war es endlich wieder still, und schließlich wurde auch ich zu einem Teil der Landschaft um mich herum, die inzwischen wie ein mit Diamanten besetztes Geschmeide im Mondlicht zu funkeln begonnen hatte. Nur der Teich selbst, der eine noch dünne Haut aus Eis trug, ließ an einigen Stellen, die dunkel und ohne Reflexion erschienen, das Wasser erahnen. Die Welt da unten war nicht erstarrt, auch wenn das Leben jetzt dort von einem anderen Takt bestimmt wurde, einem Rhythmus, der alle Prozesse verlangsamte. Hier waren die Fische noch immer aktiv, und im Teichschlamm träumten die Frösche dem Frühling entgegen. Und ich, träumte ich inzwischen auch? Mittlerweile stand ich seit mehr als einer Stunde still am Teich und schien meine kalten Füße kaum noch zu spüren. Die Kälte war ganz langsam durch das Leder und selbst die Wollsocken gekrochen und hatte sich unermüdlich über die Beine nach oben fortbewegt. Noch konnte ich meine Zehen spüren, zum Glück hatte ich mich nicht hingesetzt, denn dann verfällt man schnell in einen Dämmerzustand, der willenlos macht, und so hat sich schon so mancher in sein Schicksal ergeben. Dazu braucht es übrigens nicht einmal Minusgrade, auch eine Unterkühlung bei wenigen Grad über null kann zum Tode führen. Glücklicherweise war ich mir dieser Gefahr voll bewusst, und schon der Gedanke daran ließ mich schnell wieder im »Hier und Jetzt« sein. Gerade im richtigen Augenblick, denn plötzlich sah ich im Mondlicht einen Schatten mit deutlich gewölbtem Rücken und hoppelnden Bewegungen über den gegenüberliegenden Damm auf die Einstiegsstelle zueilen. Kurz darauf war unter der Eisdecke vor mir im Teich ein dumpfes, grollendes Geräusch zu hören, verursacht durch die Luftblasen, die von unten gegen die Eisdecke drückten. Deutlich konnte ich den Weg des Fischotters durch dieses Geräusch verfolgen, er steuerte geradewegs auf den Bau zu. Tatsächlich vernahm ich kurz danach auch leise fiepende Töne aus dem Damm gegenüber, die aber bald wieder verstummen. Konzentriert lauschte ich, leicht vornübergebeugt, in die Nacht, damit mir nichts entging. Im selben Moment zersplitterte die Eisdecke unter lautem Krachen nur etwa zwei Meter vom Ufer entfernt, und aus dem Eisloch tauchte unmittelbar vor mir der Fischotter auf, der mir mit lautem Fauchen und geöffnetem Maul zu verstehen gab, dass ich hier nicht erwünscht war. Alles ging so schnell und kam so überraschend für mich, dass ich mich tatsächlich fürchterlich erschrocken hatte, zumal ich Minuten zuvor noch mit meinen Gedanken in einer völlig anderen Dimension war. Wie hatte es das Otterweibchen nur geschafft, mich zu bemerken, schließlich stand ich doch so lange still auf einer Stelle? Jetzt aber wurde es höchste Zeit, den Ort zu verlassen, ich wollte dem Tier keinen zusätzlichen Stress bereiten, immerhin hatte sie ihre Jungen zu versorgen und sollte nicht zu ihrer Verteidigung sinnlos Energie verschwenden. Also ließ ich mich erfolgreich vertreiben und zog mich entlang des Zulaufgrabens zurück. Nach etwa 30 Metern hielt ich kurz inne, denn es war wieder dieses Grummeln unter dem Eis zu vernehmen. Kaum aber war ich zum Stehen gekommen, wurde wieder die Eisfläche von unten durchbrochen, auch diesmal mit einem lauten berstenden Geräusch, wenngleich ich auch nun nicht so erschrak. Wieder konnte ich den Fischotter im Mondlicht gut erkennen, aufrecht fauchte er mir aus dem Eisloch entgegen, wobei er kräftig mit seinen Hinterbeinen im Wasser trat, was seine aufrechte Position erst möglich machte. Beeindruckt von seinem Verhalten setzte ich sogleich meinen Weg fort, um endlich wieder Ruhe einkehren zu lassen. Später, als ich wieder zu Hause war, ließ ich bei einer heißen Tasse Tee mit Rum das Erlebte noch einmal Revue passieren. Unbeabsichtigt hatte ich mich in dieser Situation doch zu nahe am Otterbau befunden und war außerdem für das Tier, welches mich scheinbar als Bedrohung wahrgenommen hatte, deutlich sichtbar gewesen. Ich hätte auf jeden Fall ein anderes Versteck wählen sollen, um eine solche Situation zu vermeiden. Für mich war es aber eine Erfahrung, aus der ich einiges gelernt habe und die mir so nicht wieder passieren sollte. Aber so ist das eben in der Natur, ständig kann man etwas dazulernen, vorausgesetzt, man kann die jeweilige Situation richtig interpretieren. Unsere Wahrnehmung gaukelt uns manchmal etwas vor, und so entstehen bisweilen wundersame Geschichten. Wer weiß, vielleicht hat vor einigen Hundert Jahren mal ein nächtlicher Wanderer eine ähnliche Begegnung in der Lausitz gehabt, die ihm einen gehörigen Schrecken eingejagt hat. Vielleicht ist er dann in Panik davongelaufen und hat später seinen Mitmenschen vom grässlich fauchenden »Wódny muž« berichtet, der ihm in einem Wasserloch aufgelauert habe. Damals wurden solche Geschichten noch mündlich weiterverbreitet, und so mancher hat etwas falsch verstanden oder dazugedichtet. In unserer Zeit kann das kaum geschehen, wir sind aufgeklärt und haben die Möglichkeit, uns zu informieren. Manchmal allerdings habe ich das Gefühl, das ist einigen Mitmenschen doch noch nicht so ganz bewusst.

Tinka bellt und holt mich aus meinen Gedanken zurück, zu lange stehe ich ihrer Meinung nach schon hier auf einer Stelle, ohne dass etwas passiert. Also gehen wir endlich ein Stück weiter und werden sicher noch den einen oder anderen Otterwechsel finden. Aber auch Spuren von Waschbär und Fuchs sind nicht selten, nur führen diese eher parallel zu unseren auf dem Fahrweg des Teichdammes entlang. Aus der Ferne höre ich nun wieder das Trompeten der Singschwäne; lange wird es nicht mehr dauern, und die Dämmerung bricht herein. Für uns geht es nach Hause, und dann wird hier im Teichgebiet wieder die Stille Einzug halten.

Übung 4: Winterzeit ist Ruhezeit

Für den heutigen Tag bin ich mit einer Gruppe Jugendlicher aus dem städtischen Gymnasium verabredet, sie belegen hier in der 12. Klasse einen Leistungskurs für Biologie. Gemeinsam mit ihrem Lehrer haben wir einen Treffpunkt in der Heidelandschaft festgelegt. Leider ist Schnee auch in diesem Winter eine besondere Rarität, und in einigen Regionen Deutschlands hätten wir das für heute geplante Thema nicht so ohne Weiteres umsetzen können. Einen wichtigen Bestandteil der Veranstaltung nimmt nämlich das Spurensuchen ein. Hier auf den sandigen Wegen und auf dem breiten Brandschutzstreifen finden wir allerdings ohne größere Anstrengung die verschiedensten Tierspuren. Das eigentliche Thema für den heutigen Tag ist der Wolf. Angeregt durch die ständige Präsenz in den Medien haben sich die Teilnehmer für das Thema entschieden. Sie wollen sich ihr eigenes Bild machen und werden ihre Ergebnisse öffentlich an ihrer Schule präsentieren. Das Gesamtkonzept sieht dazu vor, dass sie in der Region einen professionellen Schäfer besuchen und so das Thema Herdenschutz genauer betrachten. Weiterhin werden sie Interviews mit Bewohnern der Wolfsregion und Biologen führen, die im Wolfsmonitoring arbeiten. Am heutigen Tag aber werden sie selbst unter meiner Anleitung Ergebnisse zusammentragen und einen Grundkurs im Spurenlesen erhalten. Schon im Vorfeld haben sie sich gemeinsam mit dem Biologielehrer Grundkenntnisse erarbeitet und sogar den Vortrag eines Mitarbeiters im Wolfsmonitoring besucht. Nun gilt es, das Gelernte praktisch anzuwenden. Damit wir nicht zu dicht beieinanderstehen und dabei unbeabsichtigt Spuren zerstören, habe ich vier Teams aus den zwölf Teilnehmern gebildet. Selbst in dieser Altersgruppe ist das nicht immer einfach, und darum bediene ich mich stets einer simplen Methode. In einem kleinen Leinenbeutel habe ich Naturmaterialien aus dem Aktionsgebiet gesammelt, und jeder muss ein Teil aus dem Beutel ziehen. In dem Fall sind es vier Kiefernzapfen, vier Rindenstückchen, vier Steine und vier Stöcke. Somit hat das Los die Gruppenzugehörigkeit entschieden, und es gibt keine weitere Diskussion. In diesen Gruppen werden die Jugendlichen jetzt den ganzen Tag lang arbeiten und Ergebnisse zusammentragen. Zu Anfang muss jede Gruppe einen von mir zugewiesenen Fußabdruck so gut wie möglich skizzieren und beschreiben; ich habe dazu sehr undeutliche, teilweise auch schon ältere Spuren vom Rothirsch, Wildschwein, Hasen und eine Fantasiespur ausgewählt, die zum Teil aus einem Reifenprofil besteht, welches eine ältere Wildschweinspur überlagert. Schnell wird klar, dass es nicht immer einfach ist, eine Spur im Feld zu bestimmen, denn hier draußen schaut alles anders aus als eine klare Darstellung in einem Buch. Am schwersten hat es natürlich das Team mit der Fantasiespur, und erst als sich alle gemeinsam an der Untersuchung beteiligen, kommen sie der Lösung näher. Der Sinn der Sache an sich ist aber, den Teilnehmern von vornherein klarzumachen, dass die Bedingungen in der Natur ganz oft andere sind, als wir sie erwarten. Manchmal reicht es nicht, zu messen und mit dem Bestimmungsbuch zu vergleichen. Hier ist es wichtig, Perspektiven zu wechseln und sich vor allem nicht sofort festzulegen, aber auch zu hinterfragen. Nach dem eher schwierigen Einstieg beginnen wir nun, uns näher mit den Wolfsspuren zu beschäftigen. An verschiedenen Beispielen zeige ich den Unterschied zwischen den einzelnen Gangarten, und dann fertigen die Teams endlich die ersten Protokolle an, ganz so wie es die Wissenschaftler auch machen. Vor unserer Mittagspause werden von jedem Team noch Gipsabgüsse von den Tierspuren angefertigt. Dazu haben wir schon fertig portionierte Mengen in kleine Beutel abgefüllt, in die man dann nur etwas Wasser geben muss, um alles kurz durchzukneten. Es empfiehlt sich, das Ganze vorher schon einmal zu probieren, um dann draußen im Feld zügig arbeiten zu können. Die Zeit bis zum Aushärten der Abdrücke nutzen wir für eine Mittagspause, in der wir auch die Spurenprotokolle schon einmal auswerten. Danach geht es weiter, und endlich finden wir auch die erste Losung. Auch hier wird ein Protokoll angefertigt, und ich erläutere den Teams im Anschluss, was die Wissenschaft aus den Losungen für Informationen ausliest. Man erfährt, was die Tiere gefressen haben und durch die Entnahme von Genproben verwandtschaftliche Zusammenhänge und eventuell, woher das Tier ursprünglich stammt. Vor allem dienen die exponiert abgesetzten Losungen aber der Reviermarkierung, was ich nun mit einem Spiel noch einmal verdeutlichen will. Wir sind inzwischen am Rand der Heide an einem Wald angekommen, und ich erkläre das Spiel kurz. Es sollen zwei Wolfsrudel gebildet werden, was ich kurzerhand löse, indem ich jeweils zwei Teams zu einem Rudel zusammenfasse. Der Weg, auf dem wir stehen, teilt hier den Wald, und rechts und links befindet sich unter den hohen hundertjährigen Kiefern ein nachgewachsener Jungbestand mit eingestreuten Birken und sogar vereinzelten kleinen Eichen. Jedes »Wolfsrudel« bekommt auf einer Seite des Waldes ein Revier zugeteilt, und der Weg in der Mitte markiert die Reviergrenze. Nun bekommen die Rudel die Aufgabe, ihr Revier mit jeweils fünf Markierungen zu versehen. Dazu benutzen sie stark duftende Stoffe, deren Geruch auf jeden Fall für längere Zeit anhält. Vorher erkläre ich aber noch einmal, dass Wölfe, so wie auch andere revierbildende Arten, häufig an exponierten Stellen im Revier markieren. Außerdem sollten die Teilnehmer darauf achten, dass sie nicht von der anderen Gruppe beim Markieren beobachtet werden. Nachdem die beiden Rudel fertig sind, werden die Seiten gewechselt, und das jeweils andere Rudel muss nun mit ihren Spürnasen die Markierungen finden. Das ist wirklich ein aufregendes Spiel, das den Beteiligten immer viel Spaß bereitet. Bei einer Weiterbildungsveranstaltung habe ich es einmal mit einer Gruppe Lehrerinnen im Herbst in einem Wald gespielt, in dem zur gleichen Zeit Pilzsammler unterwegs waren. Sie kamen den Waldweg entlanggelaufen, der die Reviergrenze war und wo ich auf die Gruppen wartete, die gerade dabei waren, das Nachbarrevier zu beschnuppern. Die Pilzsammler, ein älteres Pärchen, sahen den Lehrerinnen eine Weile kopfschüttelnd zu und fragten mich, was da los sei. Ich hatte in dem Augenblick keine Zeit für Erklärungen, da ich ein weiteres Spiel vorbereitete, und zuckte nur etwas abwesend mit den Schultern. Im Weggehen hörte ich die Frau nur sagen: »Die armen Leute.« Keine Ahnung, was die beiden damals glaubten gesehen zu haben. Nachdem meine beiden Rudel aus dem Gymnasium alle Markierungen gefunden hatten, erzählte ich ihnen zum Abschluss noch die Geschichte mit den Lehrerinnen. Für uns war es ein wunderbarer, abwechslungsreicher Tag in der Natur, von dem alle Beteiligten etwas mit nach Hause nahmen.

Epilog – ein ewiger Kreislauf

Nun habe ich es also tatsächlich geschafft. Während ich das Display meines Laptops herunterklappe, durchströmt mich ein wohlig warmes Gefühl. Wenigstens für einen Moment lasse ich es wirken, bevor mein Blick seitlich aus dem Fenster schweift, wo im Augenblick ein buntes Treiben herrscht: Grünolivgelbschwarzweiß, Himmelblaugelbweiß, Schiefergraurostbraunschwarzweiß, Schwarzweißrot, Graugrüngelb, Kastanienbraungrauschwarz, Gelbbraunschwarz und, nicht zu vergessen, das liebliche Braunhellgraurot. Die hier an meiner Futterstelle ein- und ausfliegenden Vögel nehme ich nur als verwischte Farbflecken wahr, die wie meine Gedanken hin und her springen, kommen und gehen. Mein Blick wandert in Richtung Horizont zwischen die kahlen Bäumen, die wie Riesen dastehen und klagend ihre Äste in den Himmel strecken, als wollten sie ihn um mehr Niederschlag anflehen. Der Winter ist in diesem Jahr lasch und kraftlos, als hätte er seine Mission vergessen. Nur ganz zaghaft haben sich erste Vorboten hierher gewagt, und nachts, wenn der Waldkauz ruft, einen Schleier aus Kristallen über die Landschaft ausgebreitet.

In wenigen Tagen ist Wintersonnenwende, die Zeit, in der uns die Natur das Tageslicht streng rationiert, als wollte sie uns zur Sparsamkeit ermahnen. Gerade jetzt sollten wir uns besinnen und uns auf Wesentliches beschränken, so wie es viele Lebewesen in der freien Natur zu dieser Jahreszeit tun. Früher waren diese Tage, die den Dezember und das Jahr beenden, aber ebenfalls den Januar und somit das neue Jahr einläuten, als Raunächte bekannt: eine Zeit des Stillstands, der Konzentration und Sammlung der inneren Kräfte, um das Neue, Kommende gut zu beginnen. Inzwischen hat sich einiges getan, statt uns zurückzunehmen und zur Besinnung zu kommen, verbringen wir diese Zeit wie in einem Rausch, der schon im Vorfeld mit Stress und Hektik daherkommt: Da sind die Dinge, die in diesem Jahr unbedingt noch erledigt werden müssen, da sind Besorgungen zu machen, und alles muss organisiert werden, um dann einige wenige Tage in Lethargie zu verbringen. Das alles in einer Fülle und im ausufernden Überfluss, als ginge es ums nackte Überleben, welches uns jedoch nur gewährt wird, wenn wir so viel wie möglich an Ressourcen vernichten. Am letzten Tag des Jahres dann werden die übrigen Reserven unter Gejohle und laut krachend in den Nachthimmel gejagt, und im Delirium genießen wir den Vollrausch, als gäbe es kein Morgen mehr. Plötzlich schrecke ich aus meinen Gedanken, als ein Schatten an meinem Fenster vorbeischießt und das Vogelvolk jäh verstummt. Ein Sperber hat sich an meiner Futterstelle sein Überleben gesichert und einen Feldsperling aus dem Getümmel gegriffen. Nur eine langsam dahinschwebende Feder aus dem Brustgefieder des kleinen Vogels zeugt noch von dem Ereignis. Schon ist die erste Meise wieder an der Futterstelle, und kaum zwei Minuten später herrscht wieder das gleiche Getümmel wie vor dem Angriff. Einzig die Warnrufe dreier Eichelhäher in der Spreeaue lassen mich ahnen, dass der Greifvogel dort den Platz für seine Rupfung gewählt hat und seine Mahlzeit einnimmt.

Der ewige Kreislauf: Alle Lebewesen sind darin eingeschlossen; ein System, welches wie ein perfektes Uhrwerk seit Jahrtausenden präzise funktioniert, solange es keine außergewöhnlichen Einflüsse gibt. Das Ganze funktioniert nach dem Prinzip des Gebens und Nehmens. Darüber sollten wir uns alle im Klaren sein; wir sollten uns auch fragen, welchen Platz wir hierhin einnehmen, und uns gleichzeitig darüber bewusst werden, dass wir dieses sensible Konstrukt bereits ins Wanken gebracht haben. Wir sind der Sand im Getriebe, und ich möchte nicht glauben, dass dies unsere Bestimmung ist. Nur wenn wir das erkennen und bereit sind, unser Leben wieder mehr an den Rhythmus der Natur anzupassen, wird unsere Erde so weiterbestehen.

Die Eichelhäher haben sich beruhigt, der Sperber scheint die Aue verlassen zu haben. Da, jetzt ruft wieder der Schwarzspecht, natürlich schaut er auch im Winter von Zeit zu Zeit nach seiner Bruthöhle. Tinka schaut mich fragend an, und ich lache zurück, während ich mir die Jacke überziehe und das Fernglas hole – dann gehen wir los. Ich atme die kalte, klare Luft ein und schaue zum Himmel, vielleicht habe ich mich getäuscht, und es gibt doch Schnee. Was für ein Glück für mich, hier in der Lausitz leben zu können.

Kleiner Nachsatz über meine Naturfotografie

Meine Leidenschaft gilt neben der Natur auch der Naturfotografie, auf die ich hier noch kurz eingehen möchte. Fotos mache ich vor allem, weil es mir Spaß macht und eine besondere Freude bereitet, meine Erlebnisse in einem Bild festzuhalten. Die dabei entstandenen Fotos dienen dazu, meine Erinnerungen von Neuem zu beleben. So gesehen mache ich kein Geheimnis daraus, dass ich fast ausschließlich für mich selbst fotografiere. Fotowettbewerbe oder Fotoforen waren nie mein Ding, und so habe ich tatsächlich auch nur ein einziges Mal an einem Wettbewerb teilgenommen. Trends haben mich nie interessiert, und diese Einstellung lässt sich bei mir tatsächlich auf fast alle Bereiche übertragen. Trotzdem kann ich mich schnell für Neues begeistern, wenn ich mir davon einen wirklichen Fortschritt erhoffe. Die digitale Fotografie hat mich von Anfang an begeistert, und ich möchte sie nicht mehr missen. In den letzten Jahren habe ich verschiedene Kameraformate für mich getestet, von Mittelformat bis Micro Four Thirds war alles dabei. Jetzt benutze ich spiegelnde Kameras mit Vollformatsensor und bin damit ganz glücklich.

Viele meiner Bilder entstehen tatsächlich direkt auf meinem Grundstück, aber der größte Teil natürlich bei meinen Ausflügen in die Lausitz. Das Bild, auf dem ich mit Tinka zu sehen bin, hat mein Freund Sascha Höcker gemacht, alle anderen Fotos im Buch stammen von mir. Bis auf zwei Aufnahmen sind alle Bilder in der freien Natur entstanden. Die gezeigten Tiere sind nicht manipuliert oder beeinträchtigt. Nur der Fischotter und auch der Waschbär wurden im Naturschutztierpark Görlitz fotografiert.

Kleine Liste mit Buchempfehlungen

An dieser Stelle möchte ich noch ein paar Buchempfehlungen geben, die Anregungen für Ausflüge in der Natur enthalten, das Bestimmen von Tieren und Tierspuren erleichtern und wertvolle Denkanstöße vermitteln.

Joseph Cornell: *Cornells Naturerfahrungsspiele für Kinder und Jugendliche.* Verlag an der Ruhr: Mühlheim 2017

Das Buch enthält wunderbare Ideen für spielerische Aktivitäten draußen und ist geeignet für alle, die mit Menschen in der Natur unterwegs sind. Joseph Cornell war für mich immer ein Vorreiter in der Umweltbildung.

Peter Wohlleben: *Das geheime Leben der Bäume. Was sie fühlen, wie sie kommunizieren – die Entdeckung einer verborgenen Welt.* Heyne: München 2019

Peter Wohlleben hat es mit seinem Buch geschafft, bei vielen Menschen ein neues Interesse für die Natur zu wecken. Als Förster ist er Profi in Sachen Wald, den er dem Leser mit faszinierenden Geschichten, die sowohl auf eigenen wie auch wissenschaftlichen Erkenntnissen gründen, nahebringt.

Olaf Sebastian (Hg.): *Oberlausitzer Heide- und Teichlandschaft. Eine landeskundliche Bestandsaufnahme im Raum Lohsa, Klitten, Großdubrau und Baruth*. Böhlau Verlag: Wien/Köln/Weimar 2012

Ein Buch aus der Reihe »Landschaften in Deutschland – Werte der deutschen Heimat«. Die landeskundliche Beschreibung aus der zentralen Oberlausitz kann bei Reisen und Exkursionen als vertiefende Lektüre genutzt werden. Das Autorenkollektiv behandelt die naturräumliche Ausstattung des hier befindlichen Biosphärenreservates, aber auch die der Bergbaufolgelandschaft. Außerdem wird die historische Entwicklung dieser einzigartigen und vielgestaltigen Landschaft aufgezeigt.

Lars Svensson, Killian Mullarney, Dan Zetterström: *Der Kosmos-Vogelführer. Alle Arten Europas, Nordafrikas und Vorderasiens*. Kosmos: Stuttgart 2017

Meine besondere Liebe gilt der Vogelwelt, die auch häufig im Mittelpunkt meiner Naturbeobachtungen steht. Das Buch von Svensson, Mullarney und Zetterström ist ein Standardwerk für die Vogelbestimmung aller Vogelarten. Bei meinen Führungen ist es ein ständiger Begleiter.

Peter Berthold, Gabriele Mohr: *Vögel füttern – aber richtig. Das ganze Jahr füttern, schützen und sicher bestimmen*. Kosmos: Stuttgart 2017

Ein Buch, das aufzeigt, wie den Vögeln nicht nur in Notzeiten wirksam geholfen werden kann. Futterstellen sind auch ein geeigneter Ort zur Vogelbeobachtung, hier zeigen sich Tiere auf kurze Distanz. Gabriele Mohr und Vogelpapst Peter Berthold beschreiben Möglichkeiten, die einfach umzusetzen sind.

Gunter Steinbach: *Werkbuch Naturschutz. Selbstbau-Anleitungen für Vogel- Fledermaus- Kröten- und Insektenschutz.* Kosmos: Stuttgart 1988

Der Titel sagt schon alles. Gunter Steinbach hat in diesem Buch eine Vielzahl von Bauanleitungen zusammengefasst, die zu Hause, in Schulen oder anderen Bildungseinrichtungen oder in Vereinen leicht zu realisieren sind. Naturschutz ist mir eine Herzensangelegenheit, und jeder kann seinen Beitrag leisten. Dieses Buch zeigt Möglichkeiten mit geringem Aufwand.

Vogelstimmen Europas, Nordafrikas und Vorderasiens (App von Sunbird Images)

Hierbei handelt es sich um eine App von Sunbird Images, die unumstritten eine der umfangreichsten Sammlungen von Vogelstimmen zur Vogelbestimmung zusammenfasst. Für mich ein unentbehrlicher Begleiter bei meinen Touren.

Danksagung

Mein Dank gilt zuerst meinen Eltern, die seit meiner Kindheit meinen unbändigen Wunsch, die Natur zu entdecken, unterstützt haben. Danken möchte ich auch meinen Freunden, die mit mir viele unvergessliche Erlebnisse in der Lausitz geteilt haben. Ein besonderer Dank gilt meinem Freund Jupp. Danke, Jule, für dein Verständnis und deine Geduld. Auch meinen Töchtern möchte ich herzlich danken.

Danke an alle, von denen ich lernen durfte, die mich inspiriert haben und die mich die wunderbare Vielfalt der Natur erkennen ließen.

Ein Danke geht ebenso an Imke Rösing von der Agentur Rauchzeichen, die mich zum Schreiben ermutigt hat. Vielen Dank auch an Marion Preuß vom Goldmann Verlag für die freundliche Begleitung und Redaktion.